柿病虫害诊治原色图谱

SHI BINGCHONGHAI ZHENZHI
YUANSE TUPU

主　编　冯玉增　胡清坡
副主编　姚清志　何立新　晁玉霞
　　　　彭　岭
编著者　赵　拓　宋梅亭

科学技术文献出版社
Scientific and Technical Documents Publishing House
北　京

内 容 提 要

　　该书全面系统地介绍了柿病虫害鉴别与无公害防治方面的知识。内容包括了危害柿的病原、害虫形态特征、危害特点、发生规律及无公害综合防治知识。该书内容新颖，图文并茂，以图为主，信息量大，既突出了农业和生物防治，也介绍了无公害化学农药防治技术，特点是每种病虫都配有多幅彩色图片，易识易辩，通俗易懂，可供果树站、植保站、果树科技人员、农资系统、农林院校师生及广大果农从事生产参考使用。

　　科学技术文献出版社是国家科学技术部系统唯一一家中央级综合性科技出版机构，我们所有的努力都是为了使您增长知识和才干。

目 录

第一章
柿病害鉴别与无公害防治 /1

一、柿树炭疽病 /1
二、柿树黑星病 /2
三、柿树灰霉病 /3
四、柿树煤污病 /4
五、柿蝇粪病 /5
六、柿疯病 /6
七、柿日灼病 /7
八、柿树叶斑病 /8
九、柿树红叶枯病 /9
十、柿树褐纹病 /9
十一、柿树圆斑病 /10
十二、柿树角斑病 /11
十三、柿树白粉病 /13
十四、柿树膏药病 /13
十五、柿树干枯病 /14
十六、柿树根癌病 /15
十七、柿树白纹羽病 /16
十八、桑寄生 /18
十九、柿树缺锌症 /19

第二章
柿害虫鉴别与无公害防治 /20

一、柿蒂虫 /20
二、柿绒蚧 /21
三、柿花象甲 /23
四、桃蛀螟 /24
五、枯叶夜蛾 /26
六、桉蓑蛾 /27
七、柿星尺蠖 /28
八、柿梢鹰夜蛾 /30
九、角斑古毒蛾 /31
十、柿斑叶蝉 /33
十一、柿广翅蜡蝉 /34
十二、柿钩翅蛾 /35
十三、褐点粉灯蛾 /36
十四、柿毛虫 /37
十五、茶毛虫 /39
十六、柿黄毒蛾 /40
十七、杏星毛虫 /42
十八、绿尾大蚕蛾 /43
十九、茶蓑蛾 /45
二十、大蓑蛾 /47
二十一、白囊蓑蛾 /48
二十二、枣刺蛾 /50
二十三、黄刺蛾 /51
二十四、白眉刺蛾 /53
二十五、丽绿刺蛾 /54
二十六、青刺蛾 /55

二十七、扁刺蛾 /57
二十八、金毛虫 /58
二十九、茸毒蛾 /60
三十、美国白蛾 /61
三十一、茶长卷叶蛾 /62
三十二、茶斑蛾 /64
三十三、短额负蝗 /65
三十四、麻皮蝽 /66
三十五、茶翅蝽 /67
三十六、梨网蝽 /68
三十七、木橑尺蠖 /70
三十八、苹梢鹰夜蛾 /71
三十九、小绿叶蝉 /73
四十、大青叶蝉 /74
四十一、肾毒蛾 /75
四十二、油桐尺蠖 /76
四十三、乌桕黄毒蛾 /78
四十四、白星花金龟 /79
四十五、红脚绿丽金龟 /80
四十六、斑喙丽金龟 /81
四十七、碧蛾蜡蝉 /82
四十八、斑衣蜡蝉 /83
四十九、山东广翅蜡蝉 /84
五十、八点广翅蜡蝉 /85
五十一、柿长绵粉蚧 /86
五十二、红蜡蚧 /88
五十三、枣龟蜡蚧 /89
五十四、柿草履蚧 /90
五十五、桑白蚧 /91
五十六、康氏粉蚧 /92
五十七、黑蝉 /93
五十八、桃红颈天牛 /94
五十九、咖啡木蠹蛾 /96
六十、六星黑点蠹蛾 /97
六十一、山楂长小蠹 /99
六十二、瘤胸材小蠹 /100

第三章

柿园害虫主要天敌保护与鉴别利用 /102

一、食虫瓢虫 /102
二、草蛉 /103
三、寄生蜂、蝇类 /104
四、捕食螨 /106
五、蜘蛛 /107
六、食蚜蝇 /108
七、食虫蝽象 /108
八、螳螂 /109
九、白僵菌 /110
十、苏云金杆菌 /111
十一、核多角体病毒 /111
十二、食虫鸟类 /112
十三、蟾蜍(癞蛤蟆)、青蛙 /113

第四章

柿病虫无公害综合防治 /115

一、适宜果园使用的农药种类及其合理使用 /115
二、无害化病虫害综合防治 /117

参考文献 /123

第一章

柿病害鉴别与无公害防治

一、柿树炭疽病

1. 病原 为子囊菌门围小丛壳菌：*Glomerella cingulata* (Stenem.) Spauld. et Schrenk。主要危害果实、嫩梢和叶片。

2. 症状鉴别 果实染病：自6月下旬延续到采收期，病斑圆形或椭圆形，稍凹陷，外围呈黄褐色，直径5～25毫米，病斑中央密生灰色至黑色轮纹状排列的小粒点，遇雨或高湿时溢出粉红色黏状物质；病斑深入皮层以下，果内形成黑色硬块，一个病果上生1个至数十个病斑，果实早落。新梢染病：多于5月下旬至6月上旬开始侵染，病斑暗褐色，长椭圆形，中部稍凹陷并现褐色纵裂，其上产生黑色小粒点（即病菌分生孢子盘），天气潮湿时病斑上涌出红色黏状物（即孢子团）；病斑长10～20毫米，其下部木质部腐朽，枝条易枯死。叶片染病：多发生于叶柄和叶脉，病斑黄褐色至黑色，长条状或不规则形。（图1-1～图1-4）

3. 发病规律 病菌以菌丝体在枝梢病部或病果、叶痕及冬芽中越冬。翌年夏产生分生孢子，借风雨、昆虫传播，从伤口或皮孔直接侵入。该病菌发育温限温在9～

图1-1 柿树炭疽病叶

图1-2 柿树炭疽病果

图1-3 柿树炭疽病危害嫩梢

图1-4 柿树炭疽病危害干后期

36℃,适温25℃。高温、高湿利于发病,雨后气温升高或夏季多雨年份发病重。不同品种抗病性不同。

4. 防治要点

(1) 选栽无病苗木:保证栽植无病壮苗,栽苗前用1:3:80倍波尔多液或20%石灰乳浸苗10分钟。

(2) 农业防治:加强栽培管理,适时施肥、灌水,提高树体抗病能力。冬、春季及生长季节及时剪除病弱枝,摘除病果,清除地下落果,集中烧毁或深埋,清除越冬菌源。

(3) 药剂防治:发芽前树体喷洒45%晶体石硫合剂30倍液;6月上、中旬各喷1次1:5:400倍波尔多液、50%多菌灵可湿性粉剂1000倍液、50%甲基硫菌灵·硫磺悬浮剂800倍液、42%噻菌灵可湿性粉剂1000倍液。

二、柿树黑星病

1. **病原** 属半知菌类柿黑星孢菌:*Fusicladium kaki* Hori et Yoshino。主要危害果、叶和枝梢。

2. **症状鉴别** 果实染病:病斑圆形或不规则形,稍硬化呈疮痂状,病斑处易裂开,病果易脱落。叶片染病:初在叶脉上生黑色小点,后沿叶脉蔓延扩大为多角形或不定形漆黑色病斑,湿度大时背面出现黑色霉层,即病菌分生孢子梗和分生孢子。枝梢染病:形成纺锤形或椭圆形淡褐色凹陷病斑,重则病斑处开裂呈溃疡状或折断。(图1-5,图1-6)

3. **发病规律** 病菌以菌丝或分生孢子在枝梢病斑上或病叶、病果上越冬。翌年春孢子萌发,从气孔、皮孔和伤口等处直接侵入,5月间病菌形成菌丝后产生分生孢子进行再侵染,扩大蔓延。树势衰弱、缺乏修剪的树发病重。

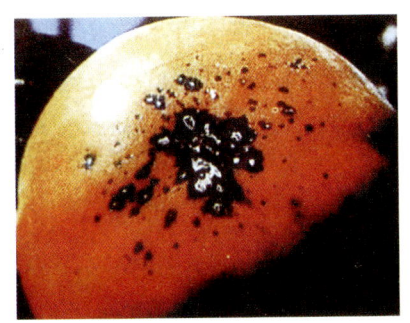

图 1-5 柿树黑星病果

图 1-6 柿树黑星病叶

4. 防治要点

(1) 农业防治:加强栽培管理,增施有机肥,及时灌水,培养壮树,提高抗病能力。冬、春季彻底清除柿园落叶,集中深埋或烧毁,以消灭越冬菌源。

(2) 药剂防治:6月上、中旬柿树落花后,病菌孢子大量飞散前,喷洒50%多菌灵可湿性粉剂600～800倍液或65%代森锌可湿性粉剂500倍液、70%代森锰锌可湿性粉剂500倍液、50%甲基硫菌灵·硫磺悬浮剂800倍液或1:5:500倍波尔多液等;重病区15天后再喷1次。

三、柿树灰霉病

1. 病原
为半知菌类灰葡萄孢菌:*Botrytis cinerea* Pers. et Fr.。主要危害幼果、花、叶及贮运中的果实。

2. 症状鉴别
花染病:花朵变褐并腐烂脱落。幼果染病:初在果蒂出现水渍状斑,后扩展到全果,果顶一般保持原状,湿度大时病果皮上出现灰白色霉状物。叶片染病:在叶片上产生白色至黄褐色病斑,湿度大时出现灰白色霉状物,即病菌的菌丝、分生孢子梗和分生孢子。(图1-7～图1-9)

3. 发病规律
病菌以菌丝体在病部或腐烂的病残体上,或以落入土壤中的菌核越冬。翌年春条件适宜时产生孢子,通过气流和雨水溅射进行传播。温度15～20℃、持续高湿、阳光不足、果园通风不良易发病;果园郁蔽、湿气滞留时间长,则发病重。

4. 防治要点

(1) 农业防治:加强管理,增强树势,提高果树抗病力;合理修剪,使柿树枝组分布合理,保持果园通风透光良好;雨后及时排水,避免果园湿气滞留。

图 1-7　柿树灰霉病叶前期和后期

图 1-8　柿树灰霉病害幼果　　　　图 1-9　柿树灰霉病害萼片

(2) 药剂防治：在雨季到来之前或发病初期，喷洒65%克得灵可湿性粉剂或70%百·福可湿性粉剂、50%扑海因可湿性粉剂1000倍液，或50%速克灵可湿性粉剂1500倍液、50%灭霉灵可湿性粉剂800倍液、28%灰霉克可湿性粉剂600倍液，10天左右喷洒1次，连续防治1~2次。

四、柿树煤污病

1. 病原　分别为半知菌类的煤炱菌：Capnodium sp 和散播烟霉菌：Fumago vagans Pers.。危害果、叶和枝。

2. 症状鉴别　在叶片、枝条和果实上布满一层黑色的煤粉状物，严重影响光合作用，致树体生长衰弱。煤粉状物有时可以剥落或被暴雨冲刷掉。(图1-10，图1-11)

3. 发病规律　病菌以菌丝体在病叶、病枝上越冬。翌年借风雨和介壳虫活动传播扩散。6月上旬

图 1-10 柿树煤污病果

图 1-11 柿树煤污病叶

至9月上旬危害柿树的蚜虫及龟蜡蚧、红蜡蚧、梨网蝽等介壳虫大量发生后,其排泄物黏污果、叶、枝表面,诱发煤污病菌大量生长繁殖,引起煤污病的发生。此时高温、高湿、果园荫蔽、通风透光不良,则发病重。

4. 防治要点

（1）农业防治：冬、春季彻底剪除病虫枝,清除病落叶,集中深埋或烧毁,以减少越冬菌源和虫源；合理修剪,创造良好的果园生态条件；生长季节及时做好排水清淤工作,降低果园湿度,减少发病条件。

（2）及时防治蚜虫、介壳虫等病虫害。

（3）药剂防治：于点片发生阶段,及时喷洒1:1:180倍波尔多液或40%克菌丹可湿性粉剂400倍液、40%大富丹可湿性粉剂500倍液、50%可灭丹可湿性粉剂800倍液、40%多菌灵胶悬剂600倍液、50%多菌灵（乙霉威、万霉灵）可湿性粉剂1000倍液、65%抗霉灵（硫菌霉威）可湿性粉剂1500倍液,15天左右喷洒1次,视病情防治2～3次。

五、柿蝇粪病

1. **病原** 为半知菌类蝇污菌：*Zygophiala jamaicensis*。主要危害果实。

2. **症状鉴别** 果实近成熟期,在果面上发生近圆形黑色小粒点,渐连成大的稍不规则斑点,因形似蝇粪而得名。果面上的黑斑能够擦去,果皮、果肉不受害,但影响外观,商品价值降低。（图1-12）

3. **发病规律** 病菌在枝条上越冬。翌年春产生分生孢子,借雨水传播,多在6～9月发病。高温多雨季节或低洼潮湿的果园发病较重。

图 1-12 柿蝇粪病果

4. 防治要点

（1）农业防治：合理修剪，保持果园通风透光良好；雨季注意排水，降低园中的湿度，减轻发病。

（2）药剂防治：在病害发生期，喷洒1:2:200倍波尔多液或53.8%可杀得干悬浮剂1000倍液、60%乙膦铝可湿性粉剂500倍液、75%达科宁可湿性粉剂800~900倍液、50%农利灵可湿性粉剂1200倍液、50%甲基硫菌灵可湿性粉剂800倍液等，10~15天喷洒1次，防治2~3次。

六、柿疯病

1. 病原 为类立克次体细菌：RLB，也称为RLO。主要危害枝梢、叶片和果实。

2. 症状鉴别 枝梢：病树或病枝萌芽迟，展叶抽梢较慢，新梢后期生长快而停止生长早，落叶早；重病树新梢长至4~5厘米时萎蔫死亡；病树冬、春季枝条大量枯死，在枯死枝条基部萌发丛生枝，病枝表皮粗糙，质脆易折。叶片：叶脉变黑；同一枝上由基部叶开始病变，逐渐向上位叶扩展，病叶多凹凸不平，叶大而薄，质脆。果实：果面凹凸不平，形成畸形果；柿果变成橘黄色，凹陷处仍为绿色，柿果变红后凹陷处最后由绿变红；果肉变硬、变黑；病果常早红20天左右，变软脱落，柿蒂留在枝上。（图1-13，图1-14）

图 1-13 柿疯病梢

图 1-14 柿疯病树

3. **发病规律** 病菌寄生在植物输导组织里，通过嫁接、病健树汁液接触以及日本龟蜡蚧、康氏粉蚧等介壳虫和斑衣蜡蝉、叶蝉类等刺吸式口器昆虫危害病健树交叉传染。不同品种抗病性不同，衰弱的老树、老枝易感病。介壳虫及叶蝉类危害重者发病重。

4. **防治要点** 防治传病昆虫，如介壳虫类、叶蝉类、斑衣蜡蝉、柿斑叶蝉等是预防传病的关键。

（1）农业防治：选用抗病品种；加强果园管理，提高树体抗病能力；选用健树砧木，嫁接无病接穗；冬、春季修剪时实行病、健树分别修剪，防止交叉传染；彻底刨除发病重的树，以减少传染源。

（2）药剂防治：柿树展叶期喷布高效低毒低残留杀虫剂，消灭传毒昆虫。早春发芽前喷洒 4～5 波美度石硫合剂或 45% 晶体石硫合剂 30 倍液、1:1:100 倍波尔多液、30% 绿得保胶悬剂 400～500 倍液。发芽后喷洒 50% 福美双可湿性粉剂 600 倍液或 5% 菌毒清水剂 200～300 倍液、72% 农用链霉素可湿性粉剂 3000 倍液、硫酸链霉素 4000 倍液。

七、柿日灼病

1. **病因** 又称日烧病，为生理性病害。夏季强光直接照射果面致局部蒸腾作用加快，加之空气和土壤湿度小，温度升高至 40℃ 以上或持续时间长，导致植物组织灼伤。

2. **症状鉴别** 尤以晴热干旱年份发生重。叶片受害出现变色斑块，枝干受害树皮出现变色斑点，最后导致叶片或树皮局部干枯。果实受害产生近圆形或不规则的褐色坏死斑。（图 1-15，图 1-16）

图 1-15 柿日灼病果前期和后期

图 1-16　柿日灼病叶

2. **症状鉴别**　病斑呈不规则圆形或多角形，灰褐色或灰白色，边缘呈深褐色且明显，上生浓黑色小点。发生严重时叶片上病斑相连，形成不同颜色的混合斑块，斑块处皱缩、折裂，导致落叶和树势早衰。（图 1-17）

图 1-17　柿树叶斑病

3. **防治要点**

（1）合理修剪，建立良好树体结构，使叶片分布合理。特别注意适当多留西南侧果树枝条，增加果树叶片数量，利用叶片遮盖果实，以减少夏季阳光直接曝晒果树枝干和果实的机会。

（2）生长季节注意适时灌水和中耕，促根系活动，保持树体水分供应均衡。日灼多发地区树干涂白，反射太阳光，以缓和果树树皮的温度剧变。

（3）密切注意天气变化，如有可能出现发生日灼的炎热天气，于午前喷洒 0.2%～0.3% 磷酸二氢钾溶液或清水，有一定的预防作用。

八、柿树叶斑病

1. **病原**　为半知菌类柿叶斑病菌：*Pestalozzia diospyri*。主要危害叶，也危害嫩梢和果实。

3. **发病规律**　病菌以菌丝及分生孢子在病枝和落叶上越冬。翌年温湿度适宜时，分生孢子借风雨进行初侵染和再侵染，致叶、果、枝发病。7～8 月高温多雨、树势衰弱者发病重。

4. **防治要点**

（1）农业防治：冬、春季彻底清理园地枯枝落叶，集中深埋或烧毁，以消灭越冬菌源；科学修剪，改善果园通风透光条件；增施有机肥，合理配比施用氮、磷、钾肥，提高植株抗病能力。

（2）药剂防治：发芽前喷洒 3～5 波美度石硫合剂或 30% 王铜

悬浮剂600～800倍液等。6～7月发病初期喷洒1:1:150倍波尔多液或50%甲基托布津可湿性粉剂800倍液、65%代森锌可湿性粉剂500～700倍液、50%百菌清可湿性粉剂600倍液等，10～15天喷洒1次，连续防治2～3次。

九、柿树红叶枯病

1. 病原 为半知菌类红叶枯菌：*Monochaetia diospyri* Yoshii。主要危害叶片。

2. 症状鉴别 叶片变红，出现红褐色、不规则形状病斑，渐互相联合。病斑中部生黑色小斑粒点，易穿孔。叶面粉红色、黄化或脉间失绿，从叶尖向内逐渐干枯。病树不能抽生新梢，1年生枝局部或全部干枯，影响树冠扩展。（图1-18）

3. 发病规律 为寄生性病害，通过嫁接和蚜虫、叶蝉等刺吸式口器害虫进行传播。土壤干旱、树势衰弱、管理粗放、虫害重者发病重；苗圃地连作苗木易染病。

4. 防治要点

（1）培育无病苗木：选用无病接穗和实生砧木；在苗圃内，发现病苗及时拔除并集中烧毁。

（2）加强植物检疫，不从疫区调苗。

（3）加强果园综合管理，增施有机肥，旱浇涝排，增强树势，铲除果园杂草，及时防治害虫，提高树体抗病力。

（4）药剂防治：发病初期喷洒83增抗剂100倍液或50%代森锰锌可湿性粉剂600～800倍液、50%乙霉威可湿性粉剂1000倍液、12.5%烯唑醇可湿性粉剂2000倍液等，10～15天喷洒1次，连续防治2～3次。

十、柿树褐纹病

1. 病原 为半知菌类拟茎点霉菌：*Phomopsis vexans*（Sacc. et Syd.）Harter。主要危害叶片。

2. 症状鉴别 发病初期，叶尖及叶缘产生淡绿色病斑，逐渐扩展到2～3厘米。病斑轮纹状，边缘为波浪形，湿度高时病斑上产生灰色霉层，重至叶片干枯或腐烂脱落。（图1-19）

图1-18 柿树红叶枯病

图 1-19　柿树褐纹病叶前期和后期

3. 发病规律　病菌以菌丝、菌核及孢子在病残体上越冬。翌年 5 月开始发病，侵染新叶，6 月下旬至 7 月上旬发病最重，8～9 月即大量落叶。病菌在 2～31℃均可发育，最适温度为 23℃左右。高温、高湿、果园郁蔽者发病重。

4. 防治要点

（1）农业防治：冬、春季彻底清除园内枯枝、落叶，集中销毁，以消灭越冬菌源；翻耕园地土壤，增施有机肥，增强树势，提高抗病能力；雨季注意排除积水，防止果园渍害，降低柿园湿度。

（2）药剂防治：柿树展叶期，叶面喷洒 1∶2∶200 倍波尔多液或 70% 甲基硫菌灵可湿性粉剂 800 倍液、75% 百菌清可湿性粉剂 1000 倍液、70% 内森锌可湿性粉剂 600～700 倍液、50% 扑海因可湿性粉剂 1000～1500 倍液等，10 天喷洒 1 次，连续防治 2～3 次。

十一、柿树圆斑病

1. 病原　为子囊菌门柿叶球腔菌：*Mycosphaerella nawae* Hiura et Ikata。主要危害叶片和柿蒂。

2. 症状鉴别　此病多导致叶片和柿果提早变红，并提早落叶、落果。叶片染病：病斑呈圆形深褐色，直径 1～7 毫米，中部稍浅，外围边缘黑色；在病叶变红的过程中，病斑周围出现黄色晕环，后期病斑上长出黑色小粒点（即病菌的子囊果），重者叶片 7～8 天即变红脱落，留下柿果，随后柿果亦逐渐转红、变软、大量脱落。柿蒂发病时间较叶片晚，病斑呈圆形褐色，病斑小。（图 1-20，图 1-21）

3. 发病规律　病菌以未成熟的子囊果在病蒂、落叶上越冬。翌年 6 月中、下旬至 7 月上旬子囊果成熟，形成子囊孢子，借风雨传

第一章 柿病害鉴别与无公害防治

图1-20 柿树圆斑病叶初期和后期

图1-21 柿树圆斑病蒂

播。子囊孢子从寄主气孔侵入,经2~3个月以上的潜育,于8月下旬至9月上旬显症状,9月下旬进入盛发期,病斑迅速增多,10月上、中旬引起落叶,病情扩展就此终止。此菌每年只有一次初侵染。菌丝发育适温为20~25℃。上年病叶多、当年6~8月雨日多、降雨量大者易引起此病流行。土地瘠薄、肥料不足、树势弱的柿园落叶多,发病重。

4. 防治要点

(1) 农业防治:加强栽培管理,增施基肥,及时灌水,增强树势,提高树体抗病能力;冬、春季彻底清除园内落叶,集中深埋或烧毁,消灭越冬病菌,以减少初侵染源。

(2) 药剂防治:于6月上、中旬柿树落花后,子囊孢子大量飞散前,喷洒50%多菌灵可湿性粉剂600~800倍液或50%甲基硫菌灵·硫磺悬浮剂800倍液、70%代森锌可湿性粉剂600倍液、65%代森锰锌可湿性粉剂500倍液或1:5:500倍波尔多液等。如能准确掌握,在子囊孢子飞散前喷1次药即可,重病区则需15天后再喷1次。

十二、柿树角斑病

1. 病原

为半知菌类柿尾孢菌:*Cercospora kaki* Ell. Et Ev.。危害叶和柿蒂。

2. 症状鉴别 叶片染病：初期在正面出现不规则的黄绿色病斑，边缘较模糊，斑内叶脉变黑色，随病情发展，病斑呈多角形，其上密生黑色绒状小粒点，有明显的黑色边缘；病斑背面开始时呈淡黄色，渐至加深为褐色或黑褐色，亦有黑色边缘，但不及正面明显，黑色小粒点也较正面稀少。病斑大小为2～8毫米。重病者造成早期落叶、落果。（图1-22）

3. 发病规律 病菌以菌丝体在病蒂及病叶中越冬。挂在树上的病蒂为主要的初侵染来源和传播中心，病蒂能残存在树上2～3年，病菌在病蒂内可以存活3年以上。6～7月在越冬病蒂上产生大量的分生孢子，经风雨传播，从气孔侵入，进行初次侵染，一般潜育期25～38天，8月初开始发病。发病严重时，9月即大量落叶、落果。当年病斑上产生的分生孢子，在适宜条件下便可进行再侵染。5～8月降雨早、雨日多、雨量大，则发病早而严重，9月下旬至10月初叶片落光，果多变软脱落。

4. 防治要点

（1）农业防治：加强栽培管理，增施有机肥，改良土壤，增强树势，提高抗病力；郁蔽严重的果园，雨后及时开沟排水，降低果园湿度，减轻病害发生。冬、春季彻底清除挂在树上的病蒂，只要彻底清除树上、树下的病蒂、病叶，基本可控制此病发生。

（2）药剂防治：喷药关键期为落花后20～30天的6月下旬至7月下旬，药剂可用70%代森锰锌可湿性粉剂500～600倍液或1∶（3～5）∶（300～600）倍波尔多液、65%克得灵可湿性粉剂1000倍液、78%科博可湿性粉剂500倍液等。

图1-22 柿树角斑病叶背面和正面

十三、柿树白粉病

1. 病原 为子囊菌门白粉病菌：*Phyllactinia kakicola* Sawada。危害芽和叶。

2. 症状鉴别 春季在幼叶正面密生针头大小的黑色小点，叶变淡紫褐色，叶背初现稀疏白粉，即病原菌菌丝、分生孢子和分生孢子梗；秋季老叶产生白色粉斑，后期在粉斑中产生黄色至深褐色小粒点，此为病菌的闭囊壳，重则病叶自叶尖或叶缘逐渐变褐，并导致叶片干枯脱落。芽受害呈灰褐色或暗褐色，芽尖不能合拢而成刷状，重者枯死。（图1-23）

图1-23 柿树白粉病

3. 发病规律 病菌以闭囊壳在落叶上越冬。翌年4月中旬产生子囊孢子，借风进行初次侵染，6月后以菌丝或分生孢子进行再侵染，此后由于气温升高，如果阴雨多、湿度大、果园郁蔽重，则病害发生加重。菌丝发育适温为15～25℃。

4. 防治要点

（1）农业防治：冬、春季清除园内落叶，集中烧毁或深埋，消灭越冬菌源。

（2）药剂防治：春季叶面喷洒0.3波美度石硫合剂或1:5:600倍波尔多液、25%粉锈宁可湿性粉剂1000～1500倍液等。6月后病情重时，喷洒70%甲基托布津可湿性粉剂1000倍液、40%腈菌唑可湿性粉剂3000倍液、40%福星乳油8000倍液等。

十四、柿树膏药病

1. 病原 有2种，白色膏药病病原为担子菌门柑橘白隔担耳菌：*Septobasidium citricolum* Saw.；褐色膏药病病原为担子菌门卷担菌：*Helicobasidium* sp.。主要危害衰老的枝干，湿度大时也危害叶片。

2. 症状鉴别 因被害处如贴着一张膏药而得名。枝干染病：病处先附生一层圆形至不规则形病菌子实体，后不断向茎周扩展缠包枝干。白色膏药病表面较平滑，白色或灰白色；褐色膏药病病菌的子实体较前者隆起而厚，表面呈丝绒状，栗褐色，周缘有略翘起的狭窄白色带。两种病菌的子实体衰老时均发生龟裂,易剥离。叶片染病:白色膏药病较多,常自叶柄或叶基处开始生白色菌毡,渐扩展到叶面大部分,其形态色泽与枝干相同。(图1-24)

图 1-24　柿树膏药病

3. **发病规律**　病菌以菌丝体在患病枝干上越冬。翌年春、夏季温湿度适宜时,菌丝生长形成子实层,产生担孢子,借气流或昆虫传播。土壤黏重、果园郁蔽严重、管理粗放、树势弱,蚜虫、介壳虫发生多的果园发病重;5～6月和9～10月多雨潮湿者易发病。

4. **防治要点**

(1) 农业防治:选择沙壤土地建园,合理密植;加强果园综合管理,增施有机肥,培养壮树;雨后及时排水,保持果园通风透光良好;发现病枝及时剪除,冬、春季彻底清除园内枯枝落叶、剪除病虫枝,集中销毁或深埋。

(2) 及时防治蚜虫、介壳虫等害虫。

(3) 药剂防治:发现病菌的子实体和菌膜及时刮除干净,刮后在病患处涂抹1∶1∶100倍波尔多液或5～6波美度石硫合剂、20%石灰乳、1%硫酸铜液、2%"401抗菌剂"20～30倍液、45%腐绝悬浮剂100倍液等杀菌消毒;刮掉的病菌子实体携出园外集中销毁。于5～6月和9～10月膏药病盛发期,用煤油作载体兑400倍的商品石硫合剂晶体喷雾枝干病部,效果较好。

十五、柿树干枯病

1. **病原**　为半知菌类葡萄座腔菌:*Botryosphaeria dothidea* (Moug.) Ces. et de Not.和拟茎点霉菌:*Phomopsis* sp.。主要危害树干和枝梢。

2. **症状鉴别**　多发生于5年生以下幼树或成龄树1～3年生枝条,幼树发病部位多在距地面50厘米以内。病部表面粗糙,皮微纵裂,韧皮部变浅褐色,木质部变黑色并呈断续状花纹。病树发芽较晚,抽梢缓慢,叶片细小,叶片与果实易脱落。6～9月新梢开始枯萎,重者枝条或整株死亡。(图1-25)

图 1-25 柿树干枯病

3. **发病规律** 病菌从枝干枯损处侵入，可长期借腐生生存。树势衰弱及结果过多者第二年发病重且多；冬季低温冻害、其它病虫害发生严重，易引发此病发生。

4. **防治要点**

(1) 加强果园综合管理，科学修剪，增施有机肥，合理灌水，增强树势，提高抗病力。适量疏果，避免大小年现象。

(2) 冬、春季彻底剪除病虫枝，集中销毁，消灭越冬病菌。

(3) 及时防治造成早期落叶的病害。

(4) 药剂防治：冬季修剪后或春季发芽前，枝干喷洒 3～5 波美度石硫合剂；或于冬、春季对剪锯口及发病部位刮除表面病斑后涂抹杀菌剂消毒，可涂抹 3% 别腐烂涂布剂或 1∶1∶100 倍波尔多液或 45% 晶体石硫合剂 300 倍液、50% 多菌灵可湿性粉剂 500 倍液、50% 甲基硫菌灵·硫磺悬浮剂 600 倍液等。生长季节发病初期，及时喷洒 50% 退菌特可湿性粉剂或 50% 甲基托布津可湿性粉剂 800 倍液，或 1∶1∶200 倍波尔多液、10% 银果乳油 800～1000 倍液、50% 加瑞农可湿性粉剂 600～800 倍液等。

十六、柿树根癌病

1. **病原** 为野杆菌属的根癌细菌：*Agrobacterium tumefaciens* (Smith et Towns) Conn。主要危害根部。

2. **症状鉴别** 根部染病后形成坚硬的木质瘤，直径 1～4 厘米不等。苗木受害后，生长缓慢，植株矮小。成年树受害后，树势逐渐衰弱，果小、质差，且植株易受冻害，重至枯死。（图 1-26，图 1-27）

图 1-26 柿树根癌病根部

图 1-27 柿树根癌病根茎部

3. 发病规律 病菌在癌瘤组织和土壤中越冬。病菌在土壤中能存活 1 年以上。病菌主要通过雨水和灌溉水传播；蛴螬、蝼蛄、线虫等地下害虫也能传播病菌；远距离则主要通过苗木带菌传播。病菌通过植株伤口侵入。适宜病菌侵染的温度为 18～26℃左右。碱性土壤、土壤黏重、排水不良者发病重。在苗圃中，切接苗木伤口大，愈合较慢，加之嫁接伤口距离地面近，则染病机会多，发病率较高；而芽接苗木，接口在地表以上，伤口小，愈合较快，则很少染病。

4. 防治要点

（1）培育无病苗木：选未发生过根癌病的地区建立苗圃，嫁接苗木最好采用芽接法，使接口上提以避免伤口接触土壤。

（2）栽植无病苗木：不调、不栽病苗；定植前对接口以下部位，用 1%硫酸铜液浸 5 分钟，再放入 2%石灰水中浸 1 分钟。

（3）农业防治：苗木出圃或调运严格实行检疫，新种植地区不要从疫区调苗；选未发生过根癌病的地区建园；碱性土壤应增施有机肥和酸性肥，调节土壤 pH 值；及时防治地下害虫和根结线虫；注意雨后排水，降低土壤湿度；加强肥水管理，提高树体抗病能力。

（4）生物免疫：生物保护剂根癌灵（K_{84}）可有效防治柿树细菌性根癌病。K_{84} 是一种根际弱寄生细菌，通过拌种、蘸根、涂抹等施药方法，使该菌在根部生长繁殖，抢先占领根癌病菌侵入部位，对植物实施免疫。注意，必须在病菌侵入前使用 K_{84} 生物剂才能获得良好效果。

（5）病瘤处理：在定植后的果树上发现癌瘤时，先用快刀切除癌瘤，再用 1∶1∶100 倍波尔多液或 1000 万单位的链霉素 1000 倍液涂抹切口，外加凡士林油保护。

十七、柿树白纹羽病

1. 病原 有性态为子囊菌门褐座坚壳菌：*Rosellinia necatrix*（Hart.）Berl.；无性态为半知菌类白纹羽束丝菌：*Dematophora necatrix* Harting。主要危害根部。

2. 症状鉴别 根系被害者，开始时细根霉烂，以后扩展到侧根和主根。病根表面缠绕有白色或灰白色、灰褐色丝网状物，即根状菌索。后期霉烂根外部皮层如鞘状套于木质部外面，极易脱落，在病根木质部生有黑色圆形菌核。地上部近土根际出现灰白色或灰褐色薄绒布状物，此为菌丝膜，有时也形成小黑点，即病菌的子囊壳。病树树势衰弱，树体发芽迟缓，半边叶片变黄或早落，重至整株枯死。（图1-28）

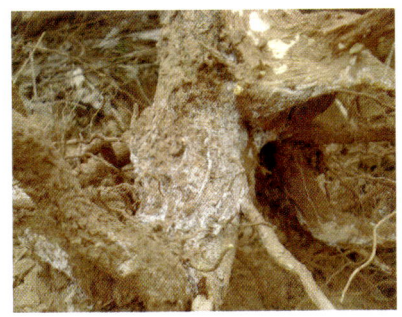

图1-28　柿树白纹羽病

3. 发病规律　病菌以菌丝体、根状菌索或菌核覆于病根上，在土壤中越冬。条件适宜时，菌核或根状菌索长出营养菌丝，首先侵害新根的柔软组织，致被害细根软化、腐朽直至消失，后逐渐延及粗大的根。病菌主要依靠病健根相互接触或灌溉水、农具等途径传播；带菌苗木远距离传病。由于病菌的根状菌索能在土壤中存活多年且病菌能侵害多种树木，由旧林地改建的果园、苗圃发病重。土壤潮湿、缺乏有机质、酸性大，有利于发病。

4. 防治要点

（1）彻底剔除病苗，选栽无病苗木：不在带病苗圃育苗；建园时选栽无病苗木，为防苗木带菌，可用10%硫酸铜溶液或20%石灰水、70%甲基硫菌灵可湿性粉剂500倍液浸1小时，或用47℃恒温水浸40分钟、45℃恒温水浸渍1小时，以杀死苗木根部病菌；栽植时嫁接口露出地表，以防土壤中病菌从接口侵入。

（2）挖沟隔离：在病株或病区外挖1米以上的深沟进行封锁，防止病害向四周蔓延。

（3）加强栽培管理，增强树势，提高抗病力：采用配方施肥技术，增施有机肥，合理配比施用氮、磷、钾；注意雨后及时排水，防止果园渍害；科学修剪，疏花疏果，合理负载，防止大小年现象。果园内不要间作染病植物，如甘薯、马铃薯和大豆等。

（4）加强其他病虫害的防治。

（5）病树治疗：经常检查树体地上部的生长情况，如发现果树生长衰弱、叶形变小或叶色褪绿等症状时，及时扒开根部周围土壤进行检查。确定根部有病后：①先将已霉烂的根切除；②然后用401抗菌剂50倍液或1%硫酸铜液、

70%甲基托布津可湿性粉剂600倍液、50%代森锌500倍液或50%退菌特250~300倍液、10%硫酸铜100倍液、10%石灰乳涂抹伤口杀菌;③再于根部土壤上浇灌药液或撒施药粉防治,可用40%五氯酚钠可湿性粉剂1千克加细干土40~50千克混匀后撒施于根颈部,或用上述药液以合理浓度浇灌病根部周围土壤中;④将刮除的病部、切除的霉根及从根颈周围扒出的土壤携出园外,并换上无病菌的新土覆盖根部。病株处理,上半年在4~5月间进行,下半年在9月份进行,或在果树休眠期进行,但要避免在7~8月高温干燥的夏季扒土施药。病树处理后,应增施肥料,如尿素和腐熟的人粪尿等,以促使新根产生,加快树势恢复。

十八、桑寄生

1. 病原 为桑寄科植物桑寄生: *Taxillus chinensis* (DC.) Danser, 是一种多年生常绿小灌。(图1-29,图1-30)

图1-29 桑寄生

图1-30 桑寄生花

2. 症状鉴别 在柿树被寄生的枝条或主干上,丛生桑寄生植株的枝叶,非常明显。寄生处的枝条稍肿大,或产生瘤状物,遇风易从此处折断。由于柿树枝条的一部分养料和水分被桑寄生吸收,且桑寄生又分泌有毒物质,因此造成柿树生长不良,迟发芽,开花少,易落果,早落叶,重者全枝或全株枯死。

3. 发病规律 在我国南方柿产区发生较多。桑寄生植株在柿树枝干上越冬。秋季其产生大量浆果,飞鸟喜食,在鸟粪中的种子或鸟嘴吐出的种子都能黏附在柿树的枝条上。种子吸水萌发后,其胚根先端产生吸盘从伤口、芽部、嫩枝树皮等处侵入,并伸出初生吸根,分泌消解酶钻入寄主皮层及木质部,再产生许多次生吸根以吸收寄主体内的养分。在吸根上部的胚叶发展成茎叶，含有叶绿素，能进行光合作用。有时在寄生枝条的表面长出许多根出条，在根出条上又可形成新的丛枝。

4. 防治要点

（1）农业防治：冬、春季深翻园地，将桑寄生种子深埋于地下，阻止其萌发；发现桑寄生及早彻底清除；连年在桑寄生的果实成熟前彻底砍除病枝条，并除尽根出条和组织内部吸根延伸的部分。

（2）药剂防治：叶面喷洒80%碱式硫酸铜可湿性粉剂600～800倍液或27.12%、30%、35%碱式硫酸铜悬浮剂300～500倍液等，有一定效果。

十九、柿树缺锌症

1. 病因
又称柿树小叶病，为生理性病害，由土壤缺锌导致树体缺锌而致生长不正常。

2. 症状鉴别
新梢叶片狭小，叶缘向上不伸展，叶色淡绿，叶片硬化，节间缩短，形成簇生小叶，且花芽减少，不易坐果（即使坐果，也个小且发育不良）。严重时，早春芽不能萌发或萌发后死亡，或从新梢基部向上落叶，而致新梢出现"光腿"现象。（图1-31）

图1-31　柿树缺锌症

3. 防治要点
增施有机肥，改良土壤，合理施肥，平衡土壤养分。冬、春季施基肥时，株施0.1～0.2千克硫酸锌；发芽前20～30天喷施0.4%～0.5%硫酸锌液或于叶片伸展后喷洒0.2%～0.3%硫酸锌液，15～20天施1次，连施2～3次。

第二章

柿害虫鉴别与无公害防治

一、柿蒂虫

柿蒂虫属鳞翅目，举肢蛾科。学名：*Kakivoria flavofasciata* Nagano，又名柿实蛾、柿举肢蛾、柿食心虫，分布全国各柿产区，危害柿、黑枣等果树的果实和嫩梢。

1. 危害特点 以幼虫蛀果为主，亦蛀嫩梢。幼虫多从果梗或果蒂基部蛀入，导致幼果干枯，大果提前变黄早落，俗称"红脸柿"、"旦柿"。（图2-1）

2. 形态鉴别 成虫：雌体长7毫米左右，翅展15～17毫米，雄略小；头部及复眼红褐色，触角丝状；体紫褐色，胸背中央、足和腹部末端黄褐色；翅狭长，缘毛较长，后翅缘毛尤长，前翅近顶角有1条斜向外缘的黄色带状纹；后足长，静止时向后上方伸举。卵：近椭圆形，乳白色，长约0.5毫米。幼虫：体长10毫米左右，头部黄褐色，前胸盾和臀板暗褐色，胴部各节背面呈淡紫色，中后胸背有"×"形皱纹，中部有1横列毛瘤，毛瘤上各生1根白色细长毛，各腹节背面有1条横皱。蛹：长约7毫米，褐色。茧：椭圆形，长7.5毫米左右，污白色。（图2-2，图2-3）

图2-1 柿蒂虫幼虫害果状

图2-2 柿蒂虫成虫

图 2-3 柿蒂虫幼虫

3. 发生特点 年发生 2 代,以老熟幼虫在树皮缝或树干基部附近土中结茧越冬。越冬幼虫在 4 月中、下旬化蛹,5 月上旬至下旬成虫羽化。成虫昼伏夜出,多产卵于果梗或果蒂缝隙,卵期 5～7 天。一代幼虫 5 月下旬至 6 月下旬危害,多由果柄蛀入幼果内,粪便排于孔外,幼虫于果蒂和果实基部吐丝缠绕,被害果变黑、干枯不易脱落;6～7 月老熟后在果内或树皮裂缝内结茧化蛹,蛹期 10 余天;第一代成虫盛发期为 7 月中旬前后。二代幼虫 7 月中、下旬至 9 月在柿蒂下蛀害果肉,被害果提前变红、变软而脱落;9 月中旬陆续老熟越冬。天敌有姬蜂等。

4. 防治要点

(1) 农业防治:及时摘除虫果。越冬幼虫脱果前于树干束草诱集,春季柿树发芽前刮除老翘皮,连同束草一并处理,消灭越冬幼虫。

(2) 保护和利用天敌防治。

(3) 药剂防治:展叶至开花期,喷洒 40% 辛硫磷乳油或 50% 杀螟松乳油 1500 倍液、48% 乐斯本乳油 1000 倍液、2% 罗速发乳油 800～1000 倍液、20% 速灭杀丁乳油 1500～2000 倍液等。

二、柿绒蚧

柿绒蚧属同翅目,绒蚧科。学名:*Eriococcus kaki* Kuwana,又名柿毛毡蚧、柿绒粉蚧,分布全国各柿产区,危害柿、黑枣等果树的果实、叶和嫩枝。

1. 危害特点 若虫、雌成虫吸食柿叶、枝及果实汁液;排泄物布满被害处,多雨季节易引起煤污菌寄生,使叶、枝条、果实布满黑霉,影响光合作用和果实生长。(图 2-4～图 2-8)

图 2-4 柿绒蚧危害果实

图 2-5　柿绒蚧若虫危害果实

图 2-6　柿绒蚧危害柿蒂

图 2-7　柿绒蚧危害叶

图 2-8　柿绒蚧危害枝

2. 形态鉴别　成虫：雌体椭圆形，1.5毫米×1毫米，紫红色，腹部边缘具细白弯曲的蜡毛状物，成熟时体背分泌出绒状白色蜡囊，长约3毫米，宽2毫米左右，尾端凹陷，触角4节，3对足小，尾瓣粗锥形；雄体长约1.2毫米，翅展2毫米左右，紫红色，翅污白色，腹末具1根小性刺和1对长蜡丝。卵：紫红色，椭圆形，长0.3～0.4毫米。若虫：紫红色，扁椭圆形，1毫米×0.5毫米，由白色绵状物构成，体末有横裂缝将介壳分为上、下两层。

3. 发生特点　年发生4～6代，以初龄若虫在枝条皮缝、柿蒂上越冬。黄淮地区4月中、下旬若虫出蛰危害，5月中、下旬羽化交配，而后雌体背面形成卵囊并产卵其内，虫体缩向前方，卵期12～21天。各代卵孵化盛期：一代6月上、中旬，二代7月中旬，三代8月中旬，四代9月中、下旬。前期危害嫩枝、叶，后期主要危害果实。第三代危害最重，致嫩枝呈现黑斑以至枯死，叶畸形早落，果面现黄绿小点，严重的凹陷变黑或木栓化，幼果易脱落。10月中旬，以第四代若虫转移到枝、柿蒂上越冬。主要靠接穗和苗木传播。天敌有多种瓢虫、草蛉等。

4. 防治要点

（1）农业防治：冬、春季刮刷老树皮并以石灰水涂干，摘拾树上、树下柿蒂，消灭其中越冬幼虫。

（2）保护、利用天敌控制害虫的发生。

（3）药剂防治：落叶后或发芽前喷洒3～5波美度石硫合剂或45%晶体石硫合剂20～30倍液、5%柴油乳剂等。若虫出蛰活动期和卵孵化盛期喷洒48%乐斯本乳油或25%扑虱灵（噻嗪酮）可湿性粉剂1000～1500倍液、20%多来宝乳油2000倍液、20%杀虫菊酯乳油1500～2000倍液等，配药时加入含油量1%的柴油乳剂有明显增效作用。

三、柿花象甲

柿花象甲属鞘翅目，象甲科。学名：*Aedenus* sp.，分布陕西、甘肃、四川等地，危害花、果。

1. 危害特点
幼虫危害柿花和幼果，发生重的年份受害花率达82%～96%。象甲在花托基部和幼果近萼片处产卵，形成直径约1毫米的孔。象甲幼虫蛀食花和幼果，造成大量落花、落果；成虫食害叶片成孔洞或缺刻。

2. 形态鉴别
成虫：体长5～7毫米，体紫褐色，小盾片及足跗节灰白色，头向前伸长成管状，触角着生头管中部；前胸圆台形，宽大于长，鞘翅基部外缘有1个显著肩突；前足腿节端部膨大，有2个齿状突起。卵：椭圆形，直径0.5毫米，乳白色至淡黄色。幼虫：体长7～8毫米，体黄白色，头及尾铗黄褐色，体弯曲多皱，无足，尾铗二分叉。蛹：长6～7毫米，米黄色至深褐色，离蛹。（图2-9，图2-10）

图2-9 柿花象甲成虫

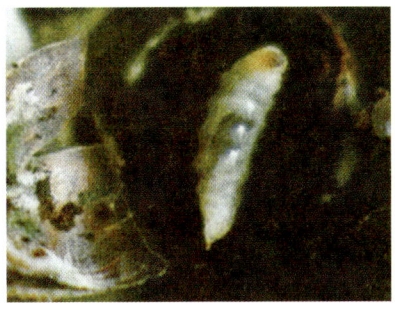

图2-10 柿花象甲幼虫

3. 发生特点 年发生1代，以成虫在落叶、草堆及土壤里越冬。翌年5月中旬柿初花期出蛰上树，将卵产于花托内或幼果与萼片接缝处，一般一花一果只产1粒卵，卵期2~3天。幼虫孵化后蛀入子房，危害2~3天即导致花和幼果脱落。幼虫在落果中继续生活15天左右化蛹，蛹期6~10天。6月底至7月中旬成虫羽化，并再次上树，在柿蒂萼片上或重叠叶间取食叶肉成筛孔状，至10月下旬下树越冬。成虫有弱趋光性，活动敏捷，受惊坠落，善飞行。成虫寿命跨2年，长达12个多月，只在柿开花和幼果期产卵，其他时间取食叶片。

4. 防治要点

（1）农业防治：在柿树落花、落果期，每隔2~3天清扫树冠下落花、落果，集中深埋，消灭幼虫；成虫发生期，利用成虫假死性，在树下铺塑料布，振落成虫捕杀之；冬、春季清除园内枯枝落叶。

（2）药剂防治：成虫出蛰上树盛期或当年成虫羽化后上树盛期，树冠地面喷药，可选用20%灭扫利乳油4000倍液或2.5%敌杀死乳油2000~3000倍液、90%晶体敌百虫或80%敌敌畏乳油1000~1500倍液、50%辛·溴乳油2000倍液。

四、桃蛀螟

桃蛀螟属鳞翅目，螟蛾科。学名：*Dichocrocis punctiferalis* Guenee，又名桃蛀野螟、桃斑螟、桃实螟、桃果蠹、桃蠹螟、桃蠹心虫、桃蛀心虫、桃实虫、桃野螟蛾、桃斑纹野螟蛾、果斑螟蛾、豹纹蛾、豹纹斑螟，分布全国各产区，危害柿、桃、杏、石榴、山楂、板栗等果树的果实。

1. 危害特点 幼虫从果与果、果与叶、果与枝的接触处钻入果实危害。果实内充满虫粪，致果实腐烂，并造成落果或干果挂在树上。（图2-11，图2-12）

2. 形态鉴别 成虫：体长10~12毫米，翅展24~26毫米，全体金黄色；胸、腹部及翅上都具有黑色斑点；触角丝状；雌蛾腹部末节呈圆锥形，雄蛾腹部末端有黑色毛丛。卵：椭圆形，长0.6~0.7毫米，乳白色至红褐色。幼虫：体长22~25毫米；头部暗黑色，胸部暗红色、淡灰色或浅灰蓝色，腹面淡绿色，前胸背板深褐色；中、后胸及一至八腹节各有排成2列的大小毛片8个，前列6个后列2个。蛹：褐色或淡褐色，长约13毫米。（图2-13，图2-14）

图 2-11　桃蛀螟幼虫危害柿果

图 2-12　桃蛀螟幼虫危害柿幼果

图 2-13　桃蛀螟成虫

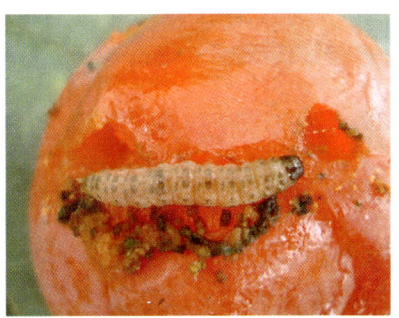

图 2-14　桃蛀螟幼虫

3．**发生特点**　黄淮地区年发生4代，以老熟幼虫或蛹在僵果中、树皮裂缝、堆果场及残枝败叶中越冬。4月上旬越冬幼虫化蛹，下旬羽化产卵；5月中旬发生第一代；7月上旬发生第二代；8月上旬发生第三代；9月上旬为第四代，尔后以老熟幼虫或蛹越冬。成虫昼伏夜出，对黑光灯趋性强，对糖醋液也有趋性。卵散产于两果相并处和枝叶遮盖的果面或梗洼上，卵期7天左右。幼虫世代重叠严重，尤以第一、二代重叠常见，以第二代危害重。

4．**防治要点**

（1）农业防治：冬、春季节彻底清理树上、树下干僵果及园内枯枝、落叶，并刮除翘裂的树皮，清除果园周围的玉米、高粱、向日葵、蓖麻等遗株深埋或烧毁，消灭越冬幼虫及蛹。

（2）诱杀成虫：在果园内点黑光灯或放置糖醋液诱杀成虫。

（3）种植诱集作物诱杀：根据桃蛀螟对玉米、高粱、向日葵趋性强的特性，在果园内或四周种植诱集作物，集中诱杀。一般每667平方米种植玉米、高粱或向日葵20～30株。

（4）药剂防治：掌握在桃蛀螟第一、二代成虫产卵高峰期的6月20日至7月30日间喷药，施药3～5次，叶面喷洒90%晶体敌百虫800～1000倍液或20%杀灭菊酯乳油1500～2000倍液、2.5%溴氰菊酯乳油2000～3000倍液、50%辛硫磷乳油1000倍液。

五、枯叶夜蛾

枯叶夜蛾属鳞翅目，夜蛾科。学名：*Adris tyrannus* Guenee，又名通草木夜蛾，分布全国各产区，危害柿、桃、杏、苹果、柑橘、通草等的果实和叶。

1. 危害特点　成虫刺吸果汁；幼虫吐丝缀叶潜伏危害。

2. 形态鉴别　成虫：体长35～38毫米，翅展96～106毫米；头胸部棕褐色，腹部杏黄色；触角丝状；前翅色似枯叶，从顶角至后缘内凹处有1条黑褐色斜线，翅脉上有许多黑褐色小点，翅基部及中央有暗绿色圆纹；后翅杏黄色，中部有1个肾形黑斑，亚端区有1条牛角形黑纹。卵：扁球形，直径1毫米左右，乳白色。幼虫：体长57～71毫米；头部红褐色，体黄褐色或灰褐色；第一、二腹节常弯曲，第八腹节隆起，将第七至十腹节连成山峰状，第二、三腹节亚背面各有1个眼形斑，中黑色并具月牙形白纹，各体节布有许多不规则白纹。蛹：长31～32毫米，红褐色至黑褐色。（图2-15，图2-16）

图2-15　枯叶夜蛾成虫

图2-16　枯叶夜蛾幼虫

3. 发生特点　年发生2～3代，多以成虫越冬，温暖地区有以卵和中龄幼虫越冬者，发生期重叠。成虫多在7～8月危害，昼伏夜出，有趋光性，喜食香甜味浓的果实，7月前危害桃、杏等早、中熟果实,后转危害柿、苹果、梨、葡萄等。成虫寿命较长,产卵于叶背。幼虫吐丝缀叶潜伏危害,老熟后缀叶结薄茧化蛹。

4. 防治要点

(1) 农业防治:果实套袋防虫;在果园四周挂有香味的烂果诱集,晚22时后捕杀成虫。

(2) 设置高压汞灯诱杀成虫。

(3) 药剂防治:

1) 防治成虫:用果醋或酒糟液加红糖适量配成糖醋液,加0.1%晶体敌百虫几滴,诱杀成虫;或用早熟的去皮果实扎孔浸泡在敌百虫50倍液中,1天后取出晾干,再放入蜂蜜水中浸泡半天,晚上挂在果园里诱杀取食成虫。

2) 防治幼虫:在卵孵化盛期或低龄幼虫期喷洒5%来福灵乳油或20%灭扫利乳油2000倍液;80%敌敌畏乳油1500倍液或50%杀螟松乳油1000倍液、25%苏脲1号乳油1200倍液等。

六、桉蓑蛾

桉蓑蛾属鳞翅目,蓑蛾科。学名:*Acanthopsyche subferalbata* Hampson,分布长江流域及以南产区,危害柿、枣、梨、桃、李、杏、葡萄、柑橘等果树的叶、嫩梢和果实。

1. 危害特点

幼虫负囊咬食叶片、嫩梢,也剥食枝干和幼果果皮,重者将全树叶片食尽,使枝条或整株枯死。(图2-17,图2-18)

2. 形态鉴别

成虫:雌成虫长5~8毫米,黑褐色,无翅;雄成虫长约4毫米,体、前翅黑色,后翅底面银灰色具光泽。卵:椭圆形,长约0.6毫米,米黄色。幼虫:体长约8毫米,头淡黄色,胸部各节背面具4个深褐色斑,腹部乳白色。蛹:长4~6毫米,灰褐色。袋囊:表面附有细碎叶片和枝皮屑。幼虫化蛹前,用一条长丝将袋囊悬垂于枝叶上。(图2-19)

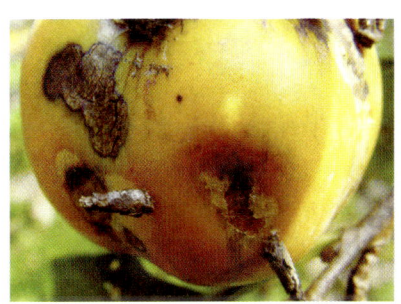

图2-17 桉蓑蛾危害果

图2-18 桉蓑蛾危害叶

图 2-19　桉蓑蛾护囊

3. 发生特点　浙江地区年发生 2 代,以 3 ～ 4 龄幼虫于囊内挂于枝上越冬,翌年 3 月气温升至 8℃左右开始活动,15℃以上大肆危害,5 月中、下旬开始化蛹。第一、二代幼虫分别于 6 月中旬、8 月下旬前后发生。幼虫低龄时啃食叶肉,留下一层表皮,随虫龄增大则咬食成许多小孔,且常啃食枝梢和幼果皮层。天敌有蓑蛾疣姬蜂、松毛虫疣姬蜂、桑蟥疣姬蜂、大腿蜂、小蜂等。

4. 防治要点

(1) 农业防治:发现虫囊及时摘除销毁。

(2) 生物防治:注意保护、利用寄生蜂等天敌昆虫;喷洒每克含 1 亿活孢子的杀螟杆菌或青虫菌 6 号悬浮剂防治。

(3) 药剂防治:在幼虫初孵期喷洒 90% 晶体敌百虫或 50% 杀螟松乳油、40% 毒死蜱乳油 1000 倍液,80% 敌敌畏乳油 1200 倍液或 2.5% 溴氰菊酯乳油 2000 倍液、10% 醚菊酯乳油 1000 ～ 1200 倍液等。

七、柿星尺蠖

柿星尺蠖属鳞翅目,尺蛾科。学名:*Percnia giraffata* Guenee,又名柿星尺蛾、大斑尺蠖、柿叶尺蠖、柿豹尺蠖、柿大头虫,分布全国各柿产区,危害柿、苹果、梨等果树的叶。

1. 危害特点　幼虫食叶成缺刻或孔洞,严重时食光全叶。

2. 形态鉴别　成虫:体长约 25 毫米,翅展 75 毫米左右;体黄色,翅白色;复眼黑色;触角黑褐色,雌丝状,雄短羽状;胸部背面有 4 个黑斑呈梯形排列;前后翅分布有大小不等的灰黑色斑点,外缘较密,中室处各有 1 个近圆形较大斑点;腹部金黄色,各节背面两侧各有 1 条灰褐色斑纹。卵:椭圆形,翠绿色至黑褐色,数十粒成块状。幼虫:体长 55 毫米左右,头黄褐色并有许多白色颗粒状突起,背线呈暗褐色宽带,两侧为黄色宽带,上有不规则的黑色曲线;胴部第三、四节显著膨大,其背面有椭圆形黑色眼状斑 2 个,斑外各具 1 条月牙形黑纹;腹足和臀足各 1 对。蛹:棕褐色至黑褐色,长 25 毫米左右。(图 2-20 ～ 图 2-23)

第二章 柿害虫鉴别与无公害防治

图 2-20　柿星尺蠖成虫

图 2-21　柿星尺蠖低龄幼虫

图 2-22　柿星尺蠖幼虫

图 2-23　柿星尺蠖老熟幼虫

3. 发生特点　年发生 2 代，以蛹在土中越冬。越冬代成虫 5 月下旬至 7 月下旬羽化；第一代成虫 7 月下旬至 9 月中旬羽化。成虫昼伏夜出，有趋光性，寿命 10 天左右。成虫产卵于叶片上或叶芽处，卵期 8 天左右。刚孵化幼虫群集危害，稍大分散危害，幼虫期 28 天左右。第一代幼虫危害盛期在 7 月中、下旬，第二代幼虫危害至 9 月上、中旬后陆续老熟入土化蛹越冬。幼虫老熟后落地，在寄主附近潮湿疏松土中化蛹，非越冬蛹期 15 天左右，越冬蛹期 270 余天。

4. 防治要点

（1）农业防治：秋末或初春耕翻树盘，利用低温和鸟食消灭越冬蛹。幼虫发生期震落捕杀之。

（2）药剂防治：各代幼虫孵化盛期，特别是第一代幼虫孵化期，喷洒 50% 辛硫磷乳油 1200 倍液或 50% 杀螟松乳油 1000 倍液、90% 晶体敌百虫 800～1000 倍液、10% 天王星乳油 3000～4000 倍液、20% 速灭丁乳油 2000～2500 倍液等。

八、柿梢鹰夜蛾

柿梢鹰夜蛾属鳞翅目，夜蛾科。学名：*Hypocala moorei* Butler，分布全国各柿产区，危害柿、黑枣等果树的嫩梢和叶。

1. 危害特点 低龄幼虫吐丝卷梢顶嫩叶危害，幼龄时食叶肉，留透明的表皮，后食叶残缺不全。（图 2-24）

图 2-24　柿梢鹰夜蛾幼虫危害状

2. 形态鉴别 成虫：体长 20～22 毫米，下唇须灰黄色，向前斜伸，状似鹰嘴；前翅灰褐色，多有斑纹。幼虫：有 2 种体色型。黑色型头部橙黄色，体黑色，气门线由断续的黄白色斑组成；绿色型头、体绿色。（图 2-25～图 2-28）

3. 发生特点 浙江地区年发生 2 代，世代重叠，以老熟幼虫入土化蛹越冬。5 月下旬至 6 月上旬羽化，成虫飞行能力较差，趋光性较弱。6～8 月幼虫发生危害，多从叶尖边缘向内取食，叶呈不规则缺刻状。幼虫受惊扰后吐丝下落。8 月下旬开始陆续入土化蛹。

图 2-25　柿梢鹰夜蛾成虫

图 2-26　柿梢鹰夜蛾褐色幼虫

图 2-27　柿梢鹰夜蛾绿色中龄幼虫

图 2-28　柿梢鹰夜蛾绿色成龄幼虫

4. 防治要点

（1）农业防治：冬、春季耕翻树盘，利用低温和鸟食消灭越冬蛹。

（2）药剂防治：幼虫发生期喷洒 2.5% 溴氰菊酯乳油 3000 倍液或 2% 罗速发乳油 1500 倍液、40% 辛硫磷乳油 1000 倍液、48% 乐斯本乳油 2000 倍液、25% 西维因可湿性粉剂 800 倍液、25% 灭幼脲乳油 1000～1500 倍液等。

九、角斑古毒蛾

角斑古毒蛾属鳞翅目，毒蛾科。学名：*Qrgyia gonostigma* Linnaeus，又名核桃古毒蛾、赤纹夜蛾、杨白纹夜蛾、梨叶毒蛾、囊尾毒蛾，分布黄淮、华北、西北产区，危害柿、核桃、苹果、梨、桃、樱桃、山楂等果树的芽、叶和果实。

1. 危害特点

幼虫、成虫食芽、叶和果实。初孵幼虫群集叶背取食叶肉，残留上表皮，稍大后分散取食。危害芽，多从芽基部蛀食成孔洞，致芽枯死。食害嫩叶，仅残留叶柄；成虫食叶成缺刻和孔洞，重时仅留粗脉。食害果实表面成不规则的凹斑和孔洞，幼果被害多脱落。

2. 形态鉴别

成虫：雌雄异型。雌体长 10～22 毫米；翅退化，仅残留痕迹；体略呈椭圆形，灰色至灰黄色，密被深灰色短毛和黄、白色绒毛；头很小，触角丝状；足灰色，有白毛。雄体长 8～12 毫米，翅展 25～36 毫米；体灰褐色；触角短羽毛状；前翅黄褐色至红褐色，翅基前半部有白鳞，后半部赭褐色，具波浪形白色细线，近前缘有 1 个赭黄色斑，后缘有 1 个新月形白斑，缘毛暗褐色；后翅栗褐色，缘毛黄灰色。卵：近球形，直径 0.8～0.9 毫米，初白色，渐变成灰黄色。幼虫：体长 33～40 毫米；头部灰色至黑色，上生细毛；体黑灰色，被黄色和黑色毛，亚背线上生有白色短毛，前胸两侧各有 1 束向前伸的由黑色羽状毛组成的长毛；第一至四腹节背面中央各有 1 簇黄灰色至深褐色刷状短毛，第八腹节背面有 1 束向后斜伸的黑色长毛。蛹：长 8～20 毫米，雌灰色，雄黑褐色。茧：纺锤形，丝质较薄。（图 2-29～图 2-31）

图 2-29　角斑古毒蛾雄成虫

图 2-30　角斑古毒蛾雌成虫及卵

图 2-31　角斑古毒蛾幼虫

3. 发生特点　东北地区年发生 1 代，黄淮地区年发生 2 代，均以幼虫于树皮缝中及干基部附近的落叶等覆盖物下越冬。1 代区，越冬幼虫 5 月间出蛰危害，6 月底老熟吐丝缀叶或于枝杈及皮缝等处结茧化蛹，蛹期 6～8 天。7 月上旬羽化，雄蛾白天飞到于茧上栖息的雌蛾上交配。卵多块产于茧的表面，上覆雌蛾鳞毛，卵期 14～20 天，孵化后分散危害至越冬。2 代区，4 月上、中旬寄主发芽时出蛰危害，5 月中旬化蛹，蛹期 15 天左右。越冬代成虫 6～7 月羽化产卵，卵期 10～13 天。第一代幼虫 6 月下旬发生，第一代成虫 8 月中旬至 9 月中旬发生。第二代幼虫 8 月下旬发生，危害至 9 月中旬前后潜入越冬场所越冬。天敌有赤眼蜂、姬蜂、小茧蜂、细蜂、寄生蝇等 20 多种。

4. 防治要点

（1）9 月前树干上束草诱幼虫栖息，入冬后解草烧掉。

（2）冬、春季彻底清除园内枯枝落叶，用硬刷子刮刷老树皮、堵塞树洞等，以消灭越冬幼虫。

（3）保护、利用天敌：在成虫产卵期，每间隔 7 天左右释放松毛虫赤眼蜂 1 次，连续 3 次，每株树每次释放 3000～5000 头防治效果好。

（4）药剂防治：于卵孵化盛期和低龄幼虫期，喷洒 90% 晶体敌百虫 800～1000 倍液或 50% 杀螟硫磷乳油 1000 倍液、50% 辛硫磷乳油 1200 倍液、50% 马拉硫磷乳油 1500 倍液、5% 氯氰菊酯乳油 3000 倍液、10% 溴氰菊酯乳油 3500～4000 倍液、25% 灭幼脲胶悬剂 1200 倍液等。

十、柿斑叶蝉

柿斑叶蝉属同翅目，小叶蝉科。学名：*Erythroneura* sp.，又名柿血斑小叶蝉，分布长城以南柿产区，危害柿、枣、桃、李、葡萄等果树的叶。

图 2-32　柿斑叶蝉危害状

1. **危害特点**　成、若虫危害叶片。初孵若虫先集中在枝条基部叶片的背面中脉附近危害，随龄期增长逐渐分散。老龄若虫及成虫均栖息在叶背中脉两侧刺吸汁液，被害叶正面呈现褪绿斑点，全叶呈现苍白色，提早落叶。(图 2-32)

图 2-33　柿斑叶蝉成虫

2. **形态鉴别**　成虫：体长 3 毫米左右，全体淡黄白色，头部向前成钝圆锥形突出，有淡黄色、绿色纵条斑 2 个，复眼淡褐色；前胸背板中央显现出 1 条淡色"山"形斑块；小盾片基部有橘黄色"V"形斑 1 个；前翅黄白色，基部、中部和端部各有 1 条橘红色不规则斜斑纹，翅面散生若干红褐色小点。卵：白色，长形，稍弯曲。若虫：共 5 龄，初孵若虫淡黄白色，渐变为黄色，羽化前翅芽黄色加深，易识别。(图 2-33，图 2-34)

图 2-34　柿斑叶蝉若虫

3. **发生特点**　年发生 3 代，以卵在当年生枝梢皮层内越冬，也有以成虫在树皮缝、树下杂草或常绿植物上越冬。越冬卵翌年4月下旬至5月下旬孵化，第一代若虫历期近30天。5月下旬成虫羽化产卵，卵期约14天。6月中旬第二代若虫孵化，7月上旬第二代成虫出现。9月出现第三代成虫。成虫和老龄若虫性均活泼，喜横向爬行，成虫受惊即飞。第一、二代成虫产卵于叶背面近中脉处。产越冬卵时，成虫将产卵管插入当年生、径粗3～4毫米的枝条皮层内，卵粒散产。

4. 防治要点

（1）农业防治：冬、春季清理园内杂草和落叶，集中烧毁或深埋，剪除成虫产卵枝条，消灭越冬虫态。

（2）药剂防治：在若虫盛发期，喷洒50%杀螟丹可湿性粉剂1500倍液或10%吡虫啉乳油3000倍液、50%马拉硫磷乳油1500倍液、25%杀虫丹水剂500倍液等。

十一、柿广翅蜡蝉

柿广翅蜡蝉属同翅目，广翅蜡蝉科。学名：*Ricania sublimbata* Jacobi，分布全国柿产区，危害柿、山楂、梨、苹果、桃、李、板栗、柑橘等果树的枝、芽、叶。

1. 危害特点

成虫、若虫群集嫩枝、芽、叶背，刺吸汁液；成虫产卵于当年生枝条内，影响枝条生长和叶片光合作用，重者造成产卵部以上枯枝、落叶、落果。

2. 形态鉴别

成虫：体长8.5～10毫米，翅展24～36毫米；头、胸背面及腹面深褐色，腹部基部黄褐色；前翅宽阔多纵脉，烟褐色，前缘外1/3处有1个三角形或半圆形透明斑；后翅为暗褐色，半透明。卵：长卵形，长0.8～1.2毫米，乳白色。若虫：体长3～6毫米，略呈钝菱形，翅芽处最宽，疏被白色蜡粉；腹部末端有10条白色绵毛状蜡丝，呈扇状伸出，蜡丝长6～15毫米，常可以孔雀开屏状向上直立或伸向后方，保护身体；1～4龄若虫白色；5龄若虫中胸背板及腹背面为灰黑色，头、胸、腹、足均为白色，中胸背板有3个白斑，斑中有1个小黑点，呈倒"品"字形排列。（图2-35～图2-38）

3. 发生特点

南方年发生2代，以卵于当年生枝条内越冬。越冬卵4月上旬孵化，4月中旬至6月上旬若虫盛发，6月下旬至8月上旬成虫发生，7月中旬至8月中旬产卵。第一代若虫盛发期在8～9月，成虫发生期在9～10月，产卵期在9月上旬至10月下旬。低龄若虫群集危害，稍大后分散，白天活动。成虫羽化初体白色，渐变为黑褐色，飞行能力强，善跳跃，产卵于当年生、直径3～6毫米嫩

图 2-35　柿广翅蜡蝉成虫

图 2-36　柿广翅蜡蝉若虫

图 2-37　柿广翅蜡蝉产卵枝

图 2-38　柿广翅蜡蝉产卵叶脉

枝背面光滑处及叶柄、果柄、叶背叶脉的皮层内，产卵孔外带出部分木丝并覆有白色绵毛状蜡丝。成虫寿命 50～70 天，危害至秋后陆续死亡。

4. 防治要点

（1）农业防治：冬、春季剪除被害产卵枝并清除果园杂草和四周的杂灌，集中烧毁，以减少虫源。

（2）药剂防治：在两代低龄若虫发生危害期，喷洒 48% 乐斯本乳油 1000 倍液或 10% 吡虫啉可湿性粉剂 3000～5000 倍液、10% 氯菊酯乳油 2000～2500 倍液、2% 氟丙菊酯乳油 1500～2000 倍液等。药液中加入含油量 0.3%～0.4% 的柴油乳剂或黏土柴油乳剂可溶解虫体蜡粉，显著提高防效。

十二、柿钩翅蛾

柿钩翅蛾属鳞翅目，钩蛾科。学名：*Comptochilus sinuosus* Warr，危害柿树的叶。

1. 危害特点　幼虫切割柿叶卷入其中取食进行危害。（图 2-39）

2. 形态鉴别 成虫：全身灰褐色。幼虫：体黄色，在后胸两侧有 1 对向前伸出的触角。（图 2-40，图 2-41）

3. 发生特点 其分布和生活史均不详。浙江省每年 4～8 月是幼虫危害高峰期。

图 2-39　柿钩翅蛾危害状

图 2-40　柿钩翅蛾成虫

图 2-41　柿钩翅蛾幼虫

4. 防治要点 防治适期是卵孵化盛期和低龄幼虫期，叶面喷洒 80% 敌敌畏乳油或 40% 毒死蜱乳油、50% 马拉硫磷乳油 1000 倍液；5% 氯氟氰菊酯乳油 2000～3000 倍液、2% 氟丙菊酯乳油 800～1000 倍液；20% 菊·杀乳油或 5% 氟虫脲乳油 1000～1500 倍液等。喷雾时要喷透虫苞。

十三、褐点粉灯蛾

褐点粉灯蛾属鳞翅目，灯蛾蛾。学名：*Alphaea phasma* Leech，又名粉白灯蛾，分布南方柿产区，危害柿、桃、苹果、梨、核桃、梅等果树的叶。

1. 危害特点 幼虫啃食柿树叶片并吐丝织半透明的网，可将叶片表皮、叶肉啃食殆尽，叶缘成缺刻，受害叶卷曲，色变枯黄、暗红褐色，严重时叶片被吃光。

2. 形态鉴别 成虫：体白色；雌蛾体长约 20 毫米，翅展约 56 毫米，雄蛾体长约 16 毫米，翅展约 30 毫米；成虫头部腹面橘黄色，两边及触角黑色；前翅前缘脉上有 4 个黑点，内横线、中线、外横线、亚外缘线为一系列灰褐色点；后翅亚外缘线为一系列褐点；腹部背面橘黄色，基部具有一些白毛。卵：圆形，径约 0.4 毫米，浅红色至浅黄色，卵粒常堆集并排列成数层。

幼虫：体长23～40毫米；头浅玫瑰红色，体深灰色，具黄斑及黄色的背线；体具茶色毛瘤，其上密生黑、白色相间的长刺毛；前胸背板黑色；胸足黑色，腹足与臀足红色。蛹：红褐色，圆桶形。茧：长椭圆形，白色或浅黄色，由幼虫体毛和丝组成，丝质半透明。（图2-42，图2-43）

图2-42 褐点粉灯蛾成虫

图2-43 褐点粉灯蛾幼虫

3. **发生特点** 年发生1代，以蛹越冬。翌年5月上、中旬羽化。成虫昼伏夜出，有趋光性。雌蛾产卵于叶背面，卵块产，呈椭圆形或不规则块状，卵期10～23天，6月上、中旬孵化。初龄幼虫在嫩梢与叶间织成半透明的网或用丝连缀叶片，群聚在网下取食，将叶片表皮、叶肉啃食殆尽，叶缘被食成缺刻。叶片被害后，卷曲、枯黄直至变为棕褐色。随虫龄增大，食量增加，扩散危害。幼虫老熟后下树，在地面落叶下、墙壁缝隙及其他隐蔽处结茧化蛹越冬。天敌有小茧蜂、寄生蝇、白僵菌等。

4. **防治要点**

（1）农业防治：冬、春季清除园内外枯叶、杂草，消灭越冬蛹；产卵期及时摘除有卵叶片。

（2）成虫发生期，果园置黑光灯诱杀成虫。

（3）保护、利用天敌防治。

（4）药剂防治：卵孵化期喷洒20%虫死净可湿性粉剂1500～2000倍液或50%丙硫磷乳油1000倍液，10%醚菊酯乳油或20%杀灭菊酯乳油2000倍液等。

十四、柿毛虫

柿毛虫属鳞翅目，毒蛾科。学名：*Lymantria dispar* Linnaeus，又名舞毒蛾、松针黄毒蛾、秋千毛虫，分布全国各产区，危害柿、苹果、柑橘等500余种植物的嫩芽和叶。

1. **危害特点** 初孵幼虫群栖

危害,稍大后分散危害,白天潜藏在树皮缝、枝杈、树下杂草等多种荫蔽场所,傍晚上树。幼虫蚕食叶片,严重时整树叶片被吃光。

2. 形态鉴别 成虫:雄虫体长18~20毫米,翅展45~47毫米,暗褐色,头黄褐色,触角羽状、褐色,前翅外缘色深呈带状,翅面上有4~5条深褐色波状横线,中室中央有1个黑褐色圆斑,中室端横脉上有1条黑褐色"<"形斑纹,外缘脉间有7~8个黑点,后翅色较淡,外缘色较浓,成带状;雌虫体长25~28毫米,翅展70~75毫米,污白微黄色,触角黑色、短羽状,前翅上的横线与斑纹与雄虫相似,暗褐色,后翅近外缘有1条褐色波状横线,外缘脉间有7个暗褐色点,腹部肥大,末端密生黄褐色鳞毛。卵:卵圆形,0.9~1.3毫米,黄褐色至灰褐色。幼虫:体长50~70毫米,头黄褐色,正面有"八"字形黑纹;胴部背面灰黑色,背线黄褐色,腹面带暗红色,胸、腹足暗红色;每体节各有6个毛瘤横列,背面中央的一对色艳,上生棕黑色短毛,两侧的毛瘤上生有黄白色与黑色长毛1束。蛹:长19~24毫米,红褐色至黑褐色。(图2-44~2-46)

3. 发生特点 年发生1代,以卵块在树体上、树下砖石块等处

图2-44 柿毛虫雌成虫

图2-45 柿毛虫雄成虫

图2-46 柿毛虫幼虫

越冬。寄主发芽时孵化。初龄幼虫日间多群栖,夜间取食,受惊扰吐丝下垂借风力扩散,故称秋千毛虫。

稍大后分散取食,白天栖息在树杈、皮缝或树下土石缝中,傍晚成群上树取食。幼虫期50～60天,6月中、下旬陆续老熟,爬到隐蔽处结薄茧化蛹,蛹期10～15天。7月成虫大量羽化。成虫有趋光性,雄蛾白天在枝叶间飞舞;雌蛾体大、笨重,很少飞行,常在化蛹处附近产卵,在树上多产于枝干的阴面。卵400～500粒成块,形状不规则,上覆雌蛾腹末的黄褐色鳞毛。天敌主要有舞毒蛾黑瘤姬蜂、喜马拉亚聚瘤姬蜂、脊腿匙宗瘤姬蜂、舞毒蛾卵平腹小蜂、梳胫饰腹寄蝇、毛虫追寄蝇、隔离狭颊寄蝇等。

4. 防治要点

(1) 农业防治:冬、春季清理树下砖石、土块,消灭越冬卵。幼虫发生期,利用幼虫白天下树潜伏习性,在树干基部堆砖石瓦块,诱集捕杀幼虫。

(2) 保护和利用天敌防治。

(3) 药剂防治:①在幼虫孵化盛期和分散危害前,喷洒90%晶体敌百虫或50%杀螟松乳油、50%辛硫磷乳油、90%巴丹可湿性粉剂1000倍液,80%敌敌畏乳油1000～1500倍液,2.5%溴氰菊酯乳油或20%速灭杀丁乳油、1.8%阿维菌素乳油、10%天王星乳油3000倍液,52.25%农地乐乳油1500～2000倍液;②于傍晚幼虫上树前,在树干上喷洒高效低毒低残留的触杀剂,或在树干上涂50～60厘米宽的药带,毒杀幼虫。

十五、茶毛虫

茶毛虫属鳞翅目,毒蛾科。学名:*Euproctis pseudoconspersa* Strand,又名茶毒蛾、茶黄毒蛾,分布全国各柿产区,危害柿、茶树、樱桃、梨、柑橘等果树的芽、叶。

1. 危害特点

低龄幼虫常数十头群集在一起取食叶肉,仅留叶表皮;随虫龄增大分散危害,食叶成缺刻或吃光全叶。

2. 形态鉴别

成虫:雄蛾翅展20～26毫米,雌蛾翅展30～35毫米;雄蛾翅棕褐色,布稀黑色鳞片,前翅前缘橙黄色,顶角、臀角各具黄色斑1块,顶角黄斑上具2个黑色圆点,内横线橙黄色,外弯;雌蛾黄褐色,前翅浅橙黄色至黄褐色。卵:扁圆形,浅黄色,直径0.8毫米。幼虫:体长10～25毫米;头黄褐色,布褐色小点;体黄色,密生黄褐色细毛,背线暗褐色;第一至八腹节亚背线、气门上线上生有2列褐色绒球状瘤,上生黄白色长毛。蛹:长8～12毫米,黄褐色。茧:丝质,土黄色。(图2-47,图2-48)

图 2-47　茶毛虫成虫

图 2-48　茶毛虫幼虫

3. 发生特点　北方年发生 2 代，南方年发生 5 代，以卵在树冠中、下部枝芽内或叶背越冬。3 代区，3 月中、下旬越冬卵孵化，初孵幼虫群集危害，随虫龄增大，食量增加，分散危害。老熟后于 5 月中旬群集下树，在枯枝落叶下、根际四周土中化蛹。5 月下旬羽化，产卵于叶背或树干上。每雌产卵 50～300 粒，成块，上覆尾毛。6 月中旬第二代幼虫孵化，7 月中旬化蛹，8 月上旬羽化。8 月中旬第三代幼虫孵化，9 月下旬化蛹，10 月上旬羽化产越冬卵。天敌主要有茶毛虫黑卵蜂、赤眼蜂、茶毛虫绒茧蜂等。

4. 防治要点

（1）农业防治：在化蛹盛期中耕树盘，或者在果树根际直径 1 米范围内培土 6 厘米或覆盖农膜，消灭树下蛹。

（2）人工捕杀：各代幼虫分散危害前，摘除有虫叶片杀之；南方果区从 11 月至翌年 3 月，摘越冬卵块杀之；成虫多在 16 时前后羽化，此时多匍匐于树丛或行间不活动，可人工捕杀。

（3）生物防治：用每克含 100 亿活孢子的杀螟杆菌或青虫菌喷雾，对该虫防效优异；也可从茶毛虫尸体上分离茶毛虫核型多角体病毒制成粉剂或乳剂喷洒，田间防治显著。

（4）药剂防治：在幼虫分散危害前喷洒 90% 晶体敌百虫或 50% 杀螟松乳油、50% 马拉硫磷乳油 1000～1500 倍液，或 98% 巴丹可湿性粉剂、10% 多来宝乳油 2000 倍液、10% 氯氰菊酯乳油或 10% 天王星乳油 3000～4000 倍液。

十六、柿黄毒蛾

柿黄毒蛾属鳞翅目，毒蛾科。学名：*Artaxa flava* Bremer，又名黄毒蛾、折带黄毒蛾、杉皮毒蛾，除西藏、青海、新疆未见报道外，其他各省区均有分布，危害柿、石榴、苹果、山楂、枇杷等果树的芽、叶。

1. 危害特点 幼虫食芽、叶，将叶吃成缺刻或孔洞，严重时将叶片吃光，并啃食幼嫩枝条的皮。

2. 形态鉴别 成虫：雌蛾体长 15～18 毫米，翅展 35～42 毫米，雄蛾略小，体黄色或浅橙黄色；触角栉齿状，雄蛾较雌蛾发达，前翅黄色，中部具棕褐色宽横带 1 条，从前缘外斜至中室后缘，折角内斜止于后缘，形成折带（故又称折带黄毒蛾），带两侧为浅黄色线镶边，翅顶区具棕褐色圆点 2 个，位于近外缘顶角处及中部偏前；后翅无斑纹，基部色浅，外缘色深，缘毛浅黄色。卵：半圆形或扁圆形，直径 0.5～0.6 毫米，淡黄色，数十粒至数百粒成块，排列为 2～4 层，上覆有黄色绒毛。幼虫：体长 30～40 毫米，头黑褐色，上具细毛；体黄色或橙黄色，胸部和第五至十腹节背面两侧各具黑色纵带 1 条；臀板黑色，第八节至腹末背面为黑色；第一、二腹节背面具长椭圆形黑斑，黑斑上长有毛瘤；各体节上的毛瘤暗黄色或暗黄褐色，其中一、二、八腹节背面毛瘤大而黑色，毛瘤上有黄褐色或浅黑褐色长毛；胸足褐色，腹足淡黑色。蛹：长 12～18 毫米，黄褐色。茧：椭圆形，长 25～30 毫米，灰褐色。（图 2-49～图 2-51）

图 2-49 柿黄毒蛾成虫

图 2-50 柿黄毒蛾卵

图 2-51 柿黄毒蛾幼虫

3. 发生特点 年发生2代，以3～4龄幼虫在树洞或树干基部树皮缝隙、杂草、落叶等杂物下结网群集越冬，翌年春上树危害芽叶。老熟幼虫5月底结茧化蛹，6月中、下旬越冬代成虫羽化，交尾产卵，卵期14天左右。第一代幼虫7月初孵化，危害到8月底老熟化蛹。第一代成虫9月羽化，9月下旬出现第二代幼虫，危害到秋末寻找合适场所越冬。成虫昼伏夜出，多产卵于叶背。幼虫孵化后多群集叶背危害，并吐丝结网群居枝上，老龄时多至树干基部、各种缝隙吐丝群集，多于早晨及黄昏取食。该虫寄生性天敌有寄生蝇等20多种。

4. 防治要点

（1）农业防治：冬、春季清除园内及四周落叶杂草，刮树皮，树干涂石灰水，以杀灭越冬幼虫。

（2）发生季节及时摘除卵块或分散危害前摘叶，捕杀群集幼虫。

（3）保护、利用天敌控制害虫发生。

（4）药剂防治：低龄幼虫危害期叶面喷洒80%敌敌畏乳油或48%乐斯本乳油、50%杀螟硫磷乳油、50%马拉硫磷乳油1000倍液；2.5%敌杀死乳油或20%速灭杀丁乳油3000～3500倍液，10%天王星乳油4000倍液或52.25%农地乐乳油1500倍液等。

十七、杏星毛虫

杏星毛虫属鳞翅目，斑蛾科。学名：*Illiberis psychina* Oberthur，又名桃斑蛾、红褐星毛虫、梅黑透羽、杏叶斑蛾，分布长江以北桃产区，危害柿、桃、杏、李、梅、樱桃、山楂、梨等果树的芽、叶、花。

1. 危害特点 幼虫食芽、花、叶。早春蛀食萌动的芽，致枯死；发芽后危害花、嫩芽和叶，食叶成缺刻和孔洞，严重时将叶片吃光，食花致花脱落。

2. 形态鉴别 成虫：体长7～10毫米，翅展21～23毫米；体黑褐色，具蓝色光泽；翅半透明，布黑色鳞毛；雄蛾触角羽毛状，雌蛾触角短锯齿状。卵：椭圆形，长0.7毫米，白色至黄褐色。幼虫：体长13～16毫米，近纺锤形，背暗赤褐色，腹面紫红色；头小，黑褐色，大部分缩于前胸内，取食或活动时伸出；腹部各节具横列毛瘤6个，中间4个大，毛瘤中间生很多褐色短毛，周生黄白色长毛。蛹：椭圆形，淡黄色至黑褐色。茧：椭圆形，丝质稍薄，淡黄色。（图2-52～图2-54）

3. 发生特点 年发生1代，以初龄幼虫在树皮缝、枝杈及贴枝叶下结茧越冬。柿芽萌动时出蛰活动，先蛀芽，后危害蕾、花及嫩叶。

图 2-52　杏星毛虫幼虫

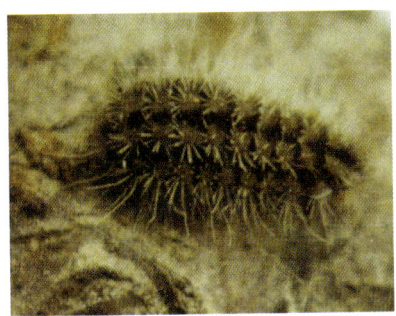

图 2-53　杏星毛虫越冬型幼虫

图 2-54　杏星毛虫卷叶茧

3 龄后，白天下树潜伏到树干基部附近的土、石块及枯草落叶下、树皮缝中，晚上上树取食叶片。5 月中旬幼虫老熟后在树干周围的各种植被下、皮缝中结茧化蛹。6 月上旬成虫羽化，卵多块产在树冠中、下部老叶叶背面，卵期 10～11 天。第一代幼虫于 6 月中旬出现，啃食叶片表皮或叶肉，被害叶呈纱网状斑痕，幼虫受惊扰吐丝下垂，于 7 月上旬结茧越冬。天敌有金光小寄蝇、常怯寄蝇、梨星毛虫黑卵蜂、潜蛾姬小蜂等。

4．防治要点

（1）农业防治：果树休眠期彻底刮除树体粗皮、翅皮、剪锯口周围死皮，消灭越冬幼虫；幼虫发生期在树干基部铺瓦片、碎砖石等诱集幼虫，集中杀灭。

（2）保护、利用天敌防治。

（3）药剂防治：①幼虫危害期，于日落前在树干周围喷洒 48% 乐斯本乳油 500 倍液或 50% 丙硫磷乳油 800 倍液；树上喷洒 50% 马拉硫磷乳油或 40% 辛硫磷乳油 1000 倍液，2% 罗速发乳油或 20% 速灭杀丁乳油 1500～2000 倍液等；②落叶后，用 80% 敌敌畏乳油或 50% 马拉硫磷乳油 200 倍液等封闭剪锯口和树皮裂缝，消灭越冬幼虫。

十八、绿尾大蚕蛾

绿尾大蚕蛾属鳞翅目，大蚕蛾科。学名：*Actias selene ning-*

poana Felder，又名燕尾水青蛾、水青蛾、长尾月蛾、绿翅天蚕蛾，除新疆、西藏等地未见报道外，其他各柿产区均有分布，危害柿、枣、苹果、梨、葡萄、樱桃等果树的叶。

1. 危害特点 幼虫食叶。低龄幼虫食叶成缺刻或空洞；稍大吃光全叶，仅留叶柄。由于虫体大，食量大，严重时吃光全树叶片。

2. 形态鉴别 成虫：雄蛾体长35～40毫米，翅展100～110毫米；雌蛾体长40～45毫米，翅展120～130毫米；体被浓厚白色绒毛，体腹面近褐色；触角黄色羽状；雌蛾翅粉绿色，雄蛾翅色较浅，泛米黄色；前翅前缘具白、紫、棕黑三色组成的纵带1条；前后翅中室末端各具椭圆形眼斑1个；后翅臀角长尾状突出，长40毫米左右。卵：球形稍扁，直径约2毫米，灰白色至紫褐色。幼虫：1～2龄幼虫黑色，3龄幼虫全体橘黄色，4龄幼虫开始渐变嫩绿色，老熟幼虫体长80～110毫米，体绿色、粗壮，近结茧化蛹时变为茶褐色；体节近六角形，着生肉状突毛瘤，毛瘤上具白色刚毛和褐色短刺；毛瘤顶部红色，基部棕黑色；体腹面黑色。茧：灰白色，丝质粗糙；长卵圆形，长50～55毫米，短25～30毫米，茧外常有寄主叶包裹。蛹：长45～50毫米，紫褐色。（图2-55～图2-58）

3. 发生特点 年发生2～4代，在树上作茧化蛹越冬。北方果产区越冬蛹4月中旬至5月上旬羽化并

图2-55 绿尾大蚕蛾雌成虫

图2-56 绿尾大蚕蛾雄成虫

图2-57 绿尾大蚕蛾成龄幼虫

图 2-58　绿尾大蚕蛾茧

产卵，卵期 10～15 天；第一代幼虫 5 月上、中旬孵化，老熟幼虫 6 月上、中旬开始化蛹，第一代成虫 6 月下旬至 7 月初羽化产卵，卵期 8～9 天；第二代幼虫 7 月上旬孵化，至 9 月底老熟幼虫结茧化蛹。成虫昼伏夜出，有趋光性。卵堆产，每堆有卵几粒至二三十粒。1～2 龄幼虫有集群性，较活跃；3 龄以后逐渐分散，食量增大，行动迟钝。幼虫老熟后贴枝吐丝缀结多片叶，在其内结茧化蛹越冬，茧多在树干下部分叉处。天敌有赤眼蜂等。

4. 防治要点

（1）农业防治：冬、春季清除果园枯枝、落叶和杂草，摘除越冬虫茧销毁；生长季节人工捕杀幼虫，设置黑光灯诱杀成虫。

（2）生物防治：保护、利用天敌。赤眼蜂在室内对卵的寄生率达 84%～88%。

（3）药剂防治：卵孵化前后和幼虫 3 龄前，喷药防治效果最佳；4 龄后由于虫体增大，用药效果差，可喷洒 50% 杀螟松乳油 1500 倍液或 50% 辛硫磷乳油 1200 倍液、25% 灭幼脲 1 号胶悬剂或 10% 氯菊酯乳油 1000 倍液、10% 杀螟菊酯乳油 800～1000 倍液等。

十九、茶蓑蛾

茶蓑蛾属鳞翅目，蓑蛾科。学名：*Clania minuscule* Butler，又名小窠蓑蛾、小蓑蛾、小袋蛾、茶袋蛾、避债蛾、茶背袋虫，分布全国各柿产区，危害柿、桃、柑橘、石榴等 100 多种植物的叶、芽、果皮。

1. 危害特点
幼虫在护囊中咬食叶片、嫩梢或剥食枝干、果实皮层，造成局部光秃。该虫喜集中危害。

2. 形态鉴别
成虫：雌蛾体长 12～16 毫米，足退化，无翅，蛆状，体乳白色，头小、褐色，腹部肥大，体壁薄，能看见腹内卵粒；雄蛾体长 11～15 毫米，翅展 22～30 毫米，体翅暗褐色，触角双栉状，胸部、腹部具鳞毛，前翅翅脉两侧色略深，外缘中前方具近正方形透明斑 2 个。卵：椭圆形，0.8 毫米 ×0.6 毫米，浅黄色。幼虫：体长 16～28 毫米；头黄褐色，胸部背板灰黄白色，背侧具褐色纵纹2条,胸节背面两侧各具浅褐色斑1个;腹部棕黄色,各节背面均有"八"字形黑色小突起4个。蛹:雌蛹纺锤形,长14~18毫米,深褐色;雄蛹深褐色,长13毫米。护囊:纺锤形,枯枝色,成长幼虫的护囊,雌的长约30毫米,雄的约25毫米。囊系以丝缀结叶片、枝条碎片及长短不一的枝梗而成,枝梗整齐地纵裂于囊的最外层。(图2-59~图2-63)

3. 发生特点 贵州年发生1代,华东地区年发生1~2代,台湾年发生2~3代,以幼虫在枝叶上的护囊内越冬。翌春3月越冬幼虫开始取食,5月中、下旬化蛹,6月上旬至7月中旬成虫羽化并产卵,卵期12~17天。第一代幼虫6~8月发生,且危害重,幼虫期50~60天。第二代幼虫9月出现,危害至落叶越冬。幼虫孵化后先取食卵壳,后爬上枝叶或飘至附近枝叶上,吐丝黏缀碎叶营造护囊,并开始取食。天敌有蓑蛾疣姬蜂、松毛虫疣姬蜂、桑蟥疣姬蜂、大腿蜂、小蜂等。

图2-59 茶蓑蛾雄成虫

图2-60 茶蓑蛾雌成虫

图2-61 茶蓑蛾幼虫

图2-62 茶蓑蛾蛹

第二章 柿害虫鉴别与无公害防治

图 2-63 茶蓑蛾囊

4. 防治要点

(1) 农业防治：发现虫囊及时摘除，集中烧毁。

(2) 生物防治：注意保护、利用寄生蜂等天敌昆虫；或喷洒每克含1亿活孢子的杀螟杆菌或青虫菌6号悬浮剂防治。

(3) 药剂防治：在幼虫初孵期，喷洒90%晶体敌百虫或50%杀螟松乳油1000倍液、80%敌敌畏乳油1200倍液、2.5%溴氰菊酯乳油2000倍液、10%溴氟菊酯乳油1500倍液等。

二十、大蓑蛾

大蓑蛾属鳞翅目，袋蛾科。学名：*Clania variegata* Snellen，又名蓑衣蛾、大袋蛾、布袋蛾、大背袋虫、大窠蓑蛾，除新疆未见报道外，其他各产区均有发生，危害柿、桃、石榴等65种以上的果、林木的芽、叶。

1. **危害特点** 幼虫吐丝缀叶成囊，隐藏其中，头伸出囊外取食叶片及嫩芽，啃食叶肉留下表皮，重者食成孔洞、缺刻，直至将叶片吃光。

2. **形态鉴别** 成虫：雌蛾无翅，体长12～16毫米，蛆状，头小、褐色，胸腹部黄白色，胸部弯曲，腹部大，第四至七腹节周围生有黄色绒毛；雄蛾有翅，体长11～15毫米，翅展22～30毫米，体和翅深褐色，胸、腹部密被鳞毛，触角羽状，前翅翅脉两侧色深，在近翅尖处沿外缘有近方形透明斑1个，外缘近中央处又有长方形透明斑1个。卵：椭圆形，长约0.8毫米，豆黄色。幼虫：体长16～26毫米；头黄褐色，具黑褐色斑纹，胸腹部肉黄色，背面中央略带紫褐色；胸部背面有褐色纵纹2条，每节纵纹两侧各有褐斑1个；腹部各节背面有黑色突起4个，排列成"八"字形。蛹：雌蛹体长14～18毫米，纺锤形，褐色；雄蛹体长约13毫米，褐色，腹末稍弯曲。护囊：枯枝色，橄榄形，为成长幼虫的护囊；雌虫的护囊长约30毫米，雄虫的长约25毫米；囊系以丝缀结叶片、枝皮碎片及长短不一的枝梗而成，枝梗不整齐地纵列于囊的最外层。(图2-64，图2-65)

图 2-64 大蓑蛾囊

图 2-65 大蓑蛾幼虫

3. 发生特点 黄淮产区年发生 1 代，以幼虫在护囊内悬挂于枝上越冬。4 月 20 日至 5 月 25 日越冬幼虫化蛹，5 月 30 日至 6 月 3 日成虫羽化，成虫羽化后 2～3 天产卵，卵历期 15～18 天，卵孵化盛期在 6 月 20 日～6 月 25 日。幼虫孵化后从旧囊内爬出再结新囊，爬行时护囊挂在腹部末端，头胸露在外取食叶片，直至越冬。天敌有大腿小蜂、脊腿姬蜂和寄生蝇等。

4. 防治要点

（1）生物防治：喷洒大袋蛾多角体病毒（NPV）和苏云金杆菌（Bt），防治效果好；保护、利用天敌。

（2）农业防治：在幼虫越冬期摘除虫袋，碾压或烧毁。

（3）药剂防治：在 7 月 5 日～7 月 20 日前后，幼虫低龄期，虫囊长约 1 厘米左右，喷洒 90% 晶体敌百虫或 50% 敌敌畏乳油 1000 倍液、5% 氟氯氰菊酯乳油 2000～2500 倍液、20% 甲氰菊酯乳油 3000 倍液、50% 辛硫磷乳油 1200 倍液等。

二十一、白囊蓑蛾

白囊蓑蛾鳞翅目，蓑蛾科。学名：*Chalioides kondonis* Matsumura，又名白囊袋蛾、白蓑蛾、白袋蛾、白避债蛾、棉条蓑蛾、橘白蓑蛾，分布全国各柿产区，危害柿、枣、苹果、桃、柑橘等果树的芽和叶。

1. 危害特点 幼虫在护囊中咬食叶片、嫩梢或剥食枝干、果实皮层，造成寄主植物光秃。（图 2-66）

2. 形态鉴别 成虫：雌体长 9～16 毫米，蛆状，体黄白色至浅黄褐色，微带紫色，头小，触角小，各胸节及第一、二腹节背面具有光泽的硬皮板，其中央具褐色纵线，体腹面至第七腹节各节中央皆具紫色圆点 1 个，第三腹节后各

图 2-66 白囊蓑蛾危害状

图 2-67 白囊蓑蛾幼虫

节有浅褐色丛毛，腹部肥大，尾端瘦小似锥状，雄体长 6～11 毫米，翅展 18～21 毫米，体浅褐色，密被白色长毛，触角羽状，翅白色、透明，后翅基部有白色长毛。卵：椭圆形，长 0.8 毫米，浅黄色至鲜黄色。幼虫：体长 25～30 毫米，黄白色，头部橙黄色至褐色，上具暗褐色至黑色云状点纹；胸节背面硬皮板褐色，上有黑色点纹；第八、九腹节背面具褐色大斑，臀板褐色；有胸足和腹足。蛹：黄褐色，雌体长 12～16 毫米，雄体长 8～11 毫米。蓑囊：灰白色，长圆锥形，长 27～32 毫米，丝质紧密，表面无枝和叶附着。（图 2-67～图 2-69）

3. 发生特点 年发生 1 代，以低龄幼虫于蓑囊内在枝干上越冬。翌春寄主发芽展叶期幼虫开始危害，6 月老熟化蛹，6 月下旬至 7 月羽化，雌虫仍在蓑囊里，雄

图 2-68 白囊蓑蛾成虫

图 2-69 白囊蓑蛾囊

虫飞来交配，产卵在蓑囊内，卵期 12～13 天。幼虫孵化后爬出蓑囊，爬行或吐丝下垂分散传播，在枝叶上吐丝结新蓑囊，常数头在叶上群

居食害叶肉。随幼虫生长,蓑囊渐大。幼虫活动时携囊而行,取食时头胸部伸出囊外,受惊扰时缩回囊内。幼虫经一段时间取食便转至枝干上越冬。天敌有寄生蝇、姬蜂、白僵菌等。

4. 防治要点

(1) 农业和生物防治:及时摘除蓑囊;保护利用天敌。

(2) 药剂防治:幼虫低龄期,虫囊长约1厘米左右时,喷洒90%晶体敌百虫或50%敌敌畏乳油、2%罗速发乳油1000倍液、速灭杀丁乳油或5%来福灵乳油3000倍液、5%氟氯氰菊酯乳油2000~2500倍液、20%甲氰菊酯乳油3000倍液等。

二十二、枣刺蛾

枣刺蛾属鳞翅目,刺蛾科。学名:*Iragoides conjuncta* Walker,又名枣奕刺蛾,分布华北、黄淮、华东等产区,危害柿、枣、梨、苹果、山楂、杏、核桃等果树的叶。

1. 危害特点
低龄幼虫取食叶肉,仅留表皮;虫龄稍大即取食全叶。

2. 形态鉴别
成虫:雌成虫翅展29~33毫米,触角丝状;雄成虫翅展28~31.5毫米,触角短双栉齿状;全体褐色,胸背中间鳞毛红褐色;腹部背面各节有似"人"字形的褐红色鳞毛;前翅基部褐色,中部黄褐色,近外缘处有2块似菱形的斑纹彼此连接,靠前一块褐色,后边一块红褐色;后翅灰褐色。卵:椭圆形,长1.2~2.2毫米,鲜黄色。幼虫:体长20~25毫米,淡黄至黄绿色,背面的蓝色斑连接成近椭圆形斑纹;体背有6对红色长枝刺,其中胸部3对、体中部1对、腹末2对;体两侧各节有红色短刺毛丛1对。蛹:椭圆形,长12~13毫米,初黄色,渐变为褐色。茧:长11~14.5毫米,椭圆形,土灰褐色。(图2-70,图2-71)

图2-70 枣刺蛾成虫

图2-71 枣刺蛾幼虫

3. 发生特点 年发生1代,以老熟幼虫在树干根部土内7~9厘米深处结茧越冬。翌年6月下旬成虫羽化。7月上旬幼虫孵化,7月下旬至8月中旬危害重,8月下旬幼虫逐渐老熟,下树入土结茧越冬。成虫昼伏夜出,有趋光性。卵产于叶背,成片排列,幼虫孵化后即分散至叶背面危害。

4. 防治要点

(1) 农业防治:冬、春季深翻园地,利用低温和鸟食消灭土中越冬茧。

(2) 生物防治:秋、冬季摘有寄生蜂的虫茧,放入细纱笼内,保护和引放寄生蜂。低龄幼虫期,每667平方米用每克含孢子100亿的白僵菌粉0.5~1千克,在雨湿条件下喷雾防治效果好。

(3) 药剂防治:卵孵化盛期至幼虫危害初期,喷洒90%晶体敌百虫或50%敌敌畏乳油800~1000倍液、40%马拉硫磷乳油1200倍液、25%灭幼脲悬浮剂1500倍液、20%除虫脲悬浮剂3000~4000倍液、1.8%阿维菌素2000~3000倍液、20%抑食肼可湿性粉剂800~1000倍液、20%虫酰肼悬浮剂1000~1500倍液、2.5%敌杀死乳油3000~4000倍液、10%乙氰菊酯乳油2000倍液等。

二十三、黄刺蛾

黄刺蛾属鳞翅目,刺蛾科。学名:*Cnidocampa flavescens* Walker,又名刺蛾、洋辣子、八角虫、八角罐、羊蜡罐、白刺毛等,分布全国各柿产区,危害柿、桃、杏、石榴、苹果等果树的芽、叶。

1. 危害特点 低龄幼虫群集叶背面啃食叶肉,稍大可把叶食成网状;随虫龄增大则分散取食,将叶片吃成缺刻,仅留叶柄和叶脉,重者吃光全树叶片。

2. 形态鉴别 成虫:体长13~16毫米,翅展30~34毫米;头和胸部黄色,腹背黄褐色;前翅内半部黄色,外半部为褐色,有2条暗褐色斜线在翅尖上汇合于一点,呈倒"V"字形,内面一条伸到中室下角,为黄色与褐色的分界线。卵:椭圆形,黄绿色。幼虫:体长16~25毫米,头小,胸腹部肥大,呈长方形(似幼儿的娃娃鞋),黄绿色;体背有1个两端粗中间细的哑铃形紫褐色大斑,和许多突起枝刺。蛹:椭圆形,长12毫米,黄褐色。茧:灰白色,质地坚硬,茧壳上有几道褐色、长短不一的纵纹,形似雀蛋。(图2-72~图2-77)

图 2-72　黄刺蛾成虫

图 2-73　黄刺蛾卵块

图 2-74　黄刺蛾低龄幼虫群害

图 2-75　黄刺蛾幼虫

图 2-76　黄刺蛾蛹

图 2-77　黄刺蛾茧

3. 发生特点　年发生2代，以老熟幼虫在树枝上结茧越冬。翌年5月上旬化蛹，5月中、下旬至6月上旬羽化。成虫趋光性强，产卵于叶背面，数十粒连成一片。6月中、下旬幼虫孵化，初孵幼虫喜群集危害，数头幼虫白天头向内形成环状静伏于叶背，6月下旬至7月上、中旬幼虫老熟后，固贴在枝条上作茧化蛹。7月下旬出现第二代幼虫，危害至 9 月初结茧越冬。天敌主要有上海青蜂和黑小蜂等。

4. 防治要点

（1）农业防治：冬、春季剪除冬茧，集中烧毁，消灭越冬幼虫。

（2）生物防治：摘除冬茧时，识别青蜂（冬茧上端有被寄生蜂产卵时留下的小孔），选出保存，来年放入果园天然繁殖寄杀虫茧。喷洒生物制剂（同枣刺蛾）。

（3）药剂防治：同枣刺蛾。

二十四、白眉刺蛾

白眉刺蛾属鳞翅目，刺蛾科。学名：*Narosa edoensis* Kawada，又名杨梅刺蛾，分布全国多数柿产区，危害柿、桃、杏、石榴、核桃、枣等果树的芽、叶。

1. 危害特点
幼虫危害叶片。低龄幼虫啃食叶肉，稍大把叶片食成缺刻或孔洞，重者仅留主脉。

2. 形态鉴别
成虫：体长 8 毫米，翅展 16 毫米左右；前翅乳白色，端部具浅褐色、浓淡不均的云状斑。幼虫：体长 7 毫米左右，扁椭圆形，绿色；体背部隆起呈龟甲状；头褐色，很小，缩于胸前；体上无明显刺毛；体背生 2 条黄绿色纵带纹，纹上具小红点。蛹：长 4.5 毫米，近椭圆形。茧：长 5 毫米，圆桶形，灰褐色。（图 2-78 ~ 图 2-80）

图 2-78　白眉刺蛾成虫

图 2-79　白眉刺蛾幼虫

图 2-80　白眉刺蛾茧

3. 发生特点
年发生 2 ~ 3 代，以老熟幼虫在树杈或叶背结茧越冬。翌年 4 ~ 5 月化蛹，5 ~ 6 月成虫羽化，7 ~ 8 月进入幼虫危害期,成虫昼伏夜出,有趋光性。卵块产于叶背,每块有卵8粒左右,卵期7天,低龄幼虫在叶背取食,留下半透明的上表皮,随虫龄增大,把叶食成缺刻或孔洞,重者食完全叶。8月下旬幼虫老熟,结茧越冬。

4. 防治要点 同黄刺蛾。

二十五、丽绿刺蛾

丽绿刺蛾属鳞翅目,刺蛾科。学名:*Latoia lepida* Cramer,又名绿刺蛾,分布全国各柿产区,危害柿、桃、杏、石榴、苹果、梨、柑橘等果树的芽、叶。

1. 危害特点 幼虫蚕食叶片。低龄幼虫群集叶背,食叶成网状;重者食净叶肉,仅剩叶柄。

2. 形态鉴别 成虫:体长10~17毫米,翅展35~40毫米;雄蛾触角双栉齿状,雌蛾触角基部丝状;头顶、胸背绿色,腹部灰黄色;前翅绿色,肩角处有1块深褐色尖刀形基斑,外缘具深棕色宽带;后翅浅黄色,外缘带褐色。卵:扁平椭圆形,长径约1.5毫米,浅黄绿色。幼虫:体长25~27毫米,初龄时黄色,稍大转为粉绿色;从中胸至第八腹节各有4个瘤状突起,上生有黄色刺毛丛,第一腹节背面的毛瘤各有3~6根红色刺毛;腹部末端有4丛球状黑色刺毛;背中央具暗绿色带3条,两侧有浓蓝色点线。蛹:椭圆形,长约13毫米,黄褐色。茧:椭圆形,长约15毫米,暗褐色,坚硬。(图2-81~图2-85)

图 2-81 丽绿刺蛾成虫

图 2-82 丽绿刺蛾低龄幼虫及危害状

图 2-83 丽绿刺蛾成龄幼虫

图 2-84 丽绿刺蛾蛹

图 2-85 丽绿刺蛾茧

3. 发生特点 年发生2代，以老熟幼虫在树干上结茧越冬。翌年4月下旬至5月上旬化蛹，第一代成虫于5月末至6月上旬羽化，第一代幼虫于6月至7月发生；第二代成虫8月中、下旬羽化，第二代幼虫于8月下旬至9月发生，至10月上旬在树干上结茧越冬。成虫有强趋光性，产卵于叶背，数十粒成块。初孵幼虫常7～8头群集取食，稍大后分散危害。幼虫体上的刺毛丛含有毒腺，人体皮肤接触后，常因毒液进入皮下而肿胀奇痛，故有"洋辣子"之称。天敌有爪哇刺蛾寄蝇等。

4. 防治要点

（1）农业防治：冬、春季清洁果园，消灭树枝上的越冬茧。

（2）捕杀初龄幼虫：及时摘除初孵幼虫群集危害的叶片，消灭之。注意勿使虫体接触皮肤。

（3）药剂防治：幼虫初孵期喷药防治，参阅枣刺蛾防治方法。

二十六、青刺蛾

青刺蛾属鳞翅目，刺蛾科。学名：*Latoia consocia* Walker，又名褐边绿刺蛾、褐缘绿刺蛾、四点刺蛾、曲纹绿刺蛾，幼虫俗称洋辣子，分布全国各柿产区，危害柿、桃、杏、苹果、石榴、柑橘等果树的芽、叶。

1. 危害特点 低龄幼虫取食叶的下表皮和叶肉，留下上表皮，致叶片呈不规则黄色斑块；大龄幼虫食叶成孔洞和缺刻，重者吃光全叶，仅留主脉。

2. 形态鉴别 成虫：体长16毫米，翅展38～40毫米；雄蛾触角栉齿状，雌蛾触角丝状；头、胸、背绿色，胸背中央有1条棕色纵线，腹部灰黄色；前翅绿色，基部有暗褐色大斑，外缘为灰黄色宽带；后翅灰黄色。卵：扁椭圆形，长1.5毫米,黄白色。幼虫:体长25～28毫米,初龄黄色,稍大黄绿色至绿色;中胸至第八腹节各有4个瘤状突起,上生青色刺毛束,腹末有4个毛瘤丛,生蓝黑球状刺毛;背线绿色,两侧有深蓝色点。蛹:椭圆形,长13毫米,黄褐色。茧:椭圆形,长16毫米,暗褐色,坚硬。(图2-86～图2-89)

3. 发生特点 年发生1～3代,以前蛹于茧内在树干基部浅土层或枝干上越冬。1代区6月上、中旬至7月中旬越冬成虫羽化,6月下旬至9月幼虫发生危害,8月危害最重,8月下旬后幼虫陆续结茧越冬。2代区5月中旬越冬代成虫羽化,第一代幼虫6～7月发生,第一代成虫8月中、下旬羽化;第二代幼虫8月下旬至10月中旬发生,10月上旬幼虫结茧越冬。成虫昼伏夜出,有趋光性。卵多产于叶背主脉附近,数十粒呈鱼鳞块状排列,卵期7天左右。幼龄虫群集,稍大后分散。天敌有紫姬蜂和寄生蝇。

图2-86 青刺蛾成虫

图2-87 青刺蛾幼虫

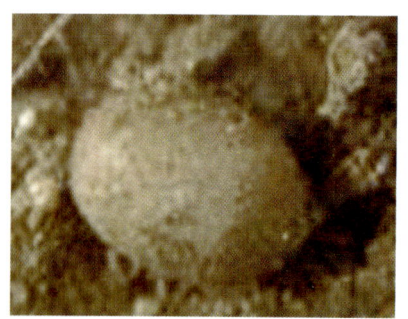

图2-88 青刺蛾茧

图2-89 青刺蛾茧内蛹

4. 防治要点

（1）生物防治：秋、冬季摘有寄生蜂的虫茧，放入细纱笼内，保护和引放寄生蜂。低龄幼虫期，每667平方米用每克含100亿孢子的白僵菌粉0.5～1千克，在雨湿条件下喷雾防治效果好。

（2）农业防治：幼虫群集危害期人工捕杀，注意手不要碰到幼虫毒毛。利用黑光灯诱杀成虫。

（3）药剂防治：幼虫发生期及时喷洒90%晶体敌百虫或80%敌敌畏乳油、50%马拉硫磷乳油、50%杀螟松乳油等1000倍液，或50%辛硫磷乳油1500倍液、10%天王星乳油3000倍液、2.5%鱼藤酮300～400倍液。

二十七、扁刺蛾

扁刺蛾属鳞翅目，刺蛾科。学名：*Thosea sinensis* Walker，又名黑点刺蛾、黑刺蛾，分布全国各柿产区，危害柿、桃、杏、石榴、苹果、柑橘等果树的芽、叶。

1. 危害特点

初孵幼虫群集叶背啃食叶肉，使叶片仅留透明的上表皮；随虫龄增大，食叶成空洞和缺刻，重者食光叶片。

2. 形态鉴别

成虫：体长13～18毫米，翅展28～35毫米；体暗灰褐色，腹面及足色较深；雌蛾触角丝状，雄蛾触角羽状；前翅灰褐色稍带紫色，中室外侧有1条明显的暗斜纹，自前缘近顶角处向后缘斜伸；雄蛾中室上角有1个黑点；后翅暗灰褐色。卵：扁平椭圆形，长1.1毫米，淡黄绿色至灰褐色。幼虫：体长21～26毫米，宽16毫米，体扁，椭圆形，背部稍隆起，形似龟背；全体绿色、黄绿色或淡黄色，背线白色；体边缘有10个瘤状突起，其上生有长刺毛，第四节背面两侧各有1个红点。蛹：长10～15毫米，近椭圆形，乳白色至黄褐色。茧：椭圆形，长12～16毫米，紫褐色。（图2-90～图2-92）

3. 发生特点

年发生1～3代，以老熟幼虫在树下3～6厘米土层内结茧，以前蛹越冬。1代区6月上旬羽化、产卵，6月中旬至9月上、中旬幼虫发生危害。2～3代区5月中旬至6月上旬羽化；第一代幼虫5月下旬至7月中旬发生；第二代幼虫7月下旬至9月中旬发生；第三代幼虫9月上旬至10月发生，均以老熟幼虫入土结茧越冬。卵多散产于叶面上，卵期7天左右。低龄幼虫啃食叶肉，留下一层表皮，大龄幼虫取食全叶，虫量多时，常从枝的下部叶片吃至上部，每枝仅存顶端几片嫩叶。

4. 防治要点

（1）农业防治：冬、春季耕

图 2-90　扁刺蛾成虫

图 2-91　扁刺蛾幼虫

图 2-92　扁刺蛾茧

翻树盘，利用低温和鸟食消灭土中越冬的虫茧。

（2）生物防治：喷洒青虫菌 6 号悬浮剂 1000 倍液，杀虫保叶。

（3）药剂防治：卵孵化盛期和低龄幼虫期喷洒 50% 杀虫环可溶性粉剂 1500～2000 倍液或 80% 杀虫单可溶性粉剂 2000 倍液，50% 辛硫磷乳油或 45% 马拉硫磷乳油 1000 倍液、5% 来福灵乳油 2000 倍液等。

二十八、金毛虫

金毛虫属鳞翅目，毒蛾科。学名：*E.similis xanthocampa* Dyar，又名桑斑褐毒蛾、纹白毒蛾、桑毒蛾、黄尾毒蛾、黄尾白毒蛾等，分布全国多数柿产区，危害柿、桃、杏、苹果、石榴、樱桃等果树的芽、叶、幼果及果皮。

1. 危害特点　初孵幼虫群集叶背取食叶肉，仅留透明的上表皮；稍大后分散危害，将叶片吃成大的缺刻，重者仅剩叶脉，并啃食幼果和果皮。

2. 形态鉴别　成虫：雌体长 14～18 毫米，翅展 36～40 毫米；雄体长 12～14 毫米，翅展 28～32 毫米；全体及足白色；触角双栉齿状；雌、雄蛾前翅近臀角处有褐色斑纹，雄蛾前翅在内缘近基角处还有 1 个褐色斑纹。卵：直径 0.6～0.7 毫米，淡黄色，上有黄色绒毛。幼虫：体长 26～40 毫米；头黑褐色，体黄色，背线红色；体背面有 1 条橙黄色带，带中央贯穿 1 条红褐间断的线；前胸背面两侧各有 1 个红色瘤，其余各节背瘤黑色，瘤上生黑色长毛束和白色短毛。蛹：长 9 ~ 11.5 毫米。茧：长 13 ~ 18 毫米，椭圆形，淡褐色。（图 2-93 ~ 图 2-96）

3. **发生特点** 年发生 2 ~ 6 代，以幼虫结灰白色薄茧在枯叶、树杈、树干缝隙及落叶中越冬。2 代区翌年 4 月开始危害春芽及叶片。一、二、三代幼虫危害高峰期主要在 6 月中旬、8 月上、中旬和 9 月上、中旬，10 月上旬前后开始结茧越冬。成虫昼伏夜出，产卵于叶背，形成长条形卵块，卵期 4 ~ 7 天。每代幼虫历期 20 ~ 37 天。幼虫有假死性。天敌主要有黑卵蜂、矮饰苔寄蝇、桑毛虫绒茧蜂等。

4. **防治要点**

（1）农业防治：冬、春季刮刷老树皮，清除园内外枯叶、杂草，消灭越冬幼虫。在低龄幼虫集中危害时，摘虫叶灭虫。

（2）在 2 龄幼虫高峰期，每毫升含 15 000 颗粒的喷洒多角体病毒悬浮液，每 667 平方米喷 20 升。

（3）药剂防治：幼虫分散危害前，及时喷洒 2.5% 敌杀死乳油或 20% 速灭杀丁乳油 3000 倍液、10% 天王星乳油 4000 ~ 5000 倍液、52.25% 农地乐乳油 2000 倍液、50% 辛硫磷乳油 1000 倍液、10% 吡虫啉可湿性粉剂 2500 倍液。

图 2-93　金毛虫成虫

图 2-94　金毛虫卵块

图 2-95　金毛虫幼虫

图 2-96　金毛虫茧

二十九、茸毒蛾

茸毒蛾属鳞翅目，毒蛾科。学名：*Calliteara pudibunda* Linnaeus，又名苹毒蛾、苹红尾蛾、纵纹毒蛾，分布全国各柿产区，危害柿、桃、杏、草莓、石榴、李、山楂、枇杷等果树的芽、叶。

1. 危害特点 幼虫食量大，危害时间长，食叶成缺刻或孔洞。局部地区易大发生，危害重。

图 2-97　茸毒蛾雌成虫

2. 形态鉴别 成虫：雄蛾翅展 35～45 毫米，雌蛾 45～60 毫米；头、胸部灰褐色；触角栉齿状；腹部灰白色；雄蛾前翅灰白色，有黑色及褐色鳞片；后翅白色，带黑褐色鳞片和毛。卵：扁圆形，浅褐色。幼虫：体长 45～52 毫米，体浅黄色至淡紫红色；体腹面浅黑色；体背各节生有黄色毛瘤，上面簇生浅黄色长毛；第一至四腹节背面各具 1 簇黄色刷状毛；第一、二腹节背面的节间有 1 个深黑色大斑；第八腹节背面有 1 束向后斜伸的棕黄色至紫红色毛。幼虫具假死性。蛹：浅褐色。（图 2-97～图 2-100）

图 2-98　茸毒蛾雄成虫

图 2-99　茸毒蛾幼虫

3. 发生特点 年发生 1～3 代，以蛹越冬。翌年 4 月下旬羽化，一代幼虫 5 月至 6 月上旬发生，二代幼虫 6 月下旬至 8 月上旬发生，三代幼虫 8 月中旬至 11 月中旬发生，越冬代蛹期约 6 个月。黄淮产

图 2-100　茸毒蛾茧

区二、三代发生重。卵块产在叶片和枝干上，每块卵 20～300 粒。幼虫历期 20～50 天，老熟幼虫将叶卷起结茧。天敌主要有毒蛾黑瘤姬蜂、蚂蚁、食虫蜻类等。

4. 防治要点

（1）农业防治：冬、春季清理园内枯枝落叶，集中销毁，消灭越冬虫源。

（2）药剂防治：卵孵化盛期至低龄幼虫期，叶面喷洒 25% 灭幼脲 3 号悬浮剂 2000 倍液或 90% 晶体敌百虫 1000 倍液、25% 敌杀死乳油 2000 倍液、20% 杀虫菊酯乳油 1500～2000 倍液。

三十、美国白蛾

美国白蛾属鳞翅目，灯蛾科。学名：*Hyphantria cunea* Drury，为国内外重要的检疫对象，分布全国许多柿产区，危害柿、桃、枣、杏、苹果、梨等 100 多种植物的芽、叶。

1. 危害特点
幼虫群集结网，并在网内食害叶肉，残留表皮；幼虫 5 龄后出网分散危害，严重时整株叶片被吃光。网幕可随幼虫龄期增长而扩大，长的可达 1.5 米以上。（图 2-101）

图 2-101　美国白蛾低龄幼虫群害

2. 形态鉴别
成虫：体长 12～17 毫米，白色；雄虫触角双栉齿状，黑色，雌虫触角锯齿状；越冬代成虫前翅上有较多的黑色斑点，第一代成虫翅面上的斑点较少，雌虫前翅翅面很少有斑点。卵：近球形，直径 0.57 毫米，灰褐色。幼虫：体长 28～35 毫米；头黑色，具光泽；体色黄绿色至灰黑色，变化较大；背部两侧线之间有 1 条灰褐色宽纵带；背部毛瘤黑色，体侧毛瘤橙黄色，毛瘤上生有灰白色长毛。蛹：长 8～15 毫米，暗红色。（图 2-102～图 2-104）

3. 发生特点
年发生 2 代，以蛹于茧内，在枯枝、落叶、墙缝、表土层、树洞等处越冬。翌年 5 月上旬出现成虫。第一代幼虫发生期 6 月上旬至 7 月下旬，第二代幼虫发生期 8 月中旬至 9 月中旬。成虫常 300～500 粒成块产卵于叶片背面，单层排列，卵期约 7 天，幼虫孵化后短时间即吐丝结网，群集网内危害，4 龄后分散危害，幼虫期 35～42 天。幼虫老熟后下树寻找适宜场所，结薄茧化蛹越冬。

图 2-102　美国白蛾成虫

图 2-103　美国白蛾幼虫

图 2-104　美国白蛾蛹和茧

4. 防治要点

(1) 农业防治：清除园中落叶、杂草，冬、春季翻树盘，消灭越冬蛹。

(2) 药剂防治：防治的关键时期是第一代幼虫发生期和其他各代幼虫发生初期，可喷洒50%杀螟硫磷乳油1000倍液或80%敌敌畏乳油1500倍液、90%晶体敌百虫1000～1500倍液、20%氰戊菊酯乳油3000倍液等。

三十一、茶长卷叶蛾

茶长卷叶蛾属鳞翅目，卷蛾科。学名：*Homona magnanima* Diakonoff，又名茶卷叶蛾、后黄卷叶蛾、褐带长卷蛾、茶淡黄卷叶蛾、柑橘长卷蛾，分布华东、华南、西南各柿产区，危害柿、枣、石榴、苹果、柑橘等果树的芽、叶。

1. 危害特点　初孵幼虫缀结叶尖，潜居其中取食上表皮和叶肉，残留下表皮，致卷叶呈枯黄薄膜斑，大龄幼虫食叶成缺刻或孔洞。(图2-105)

2. 形态鉴别　成虫：雌体长10毫米，翅展23～30毫米，体浅棕色，触角丝状，前翅近长方形、浅棕色，翅尖深褐色，翅面散生许多深褐色细纹，后翅肉黄色、扇形，前缘、外缘茶褐色；雄体长8毫米，翅展19～23毫米，前翅黄褐色，基部中央、翅尖浓褐色，前缘中央具1个黑褐色圆形斑，前缘基部具1个浓褐色近椭圆形突出，后翅浅灰褐色。卵：扁平椭圆形，长0.8毫米，浅黄色。幼虫：体长18～26毫米，体黄绿色；头黄褐色；前胸背板近半圆形，褐色，两侧下方各具2个黑褐色椭圆形小角质点；胸足色暗。蛹：长11～13毫米，深褐色。（图2-106～图2-108）

图2-105　茶长卷叶蛾幼虫危害状

图2-106　茶长卷叶蛾成虫及蛹壳

图2-107　茶长卷叶蛾幼虫

图2-108　茶长卷叶蛾蛹

3. 发生特点　浙江、安徽年发生4代，以幼虫蛰伏在卷苞里越冬。翌年4月下旬成虫羽化并产卵。第一代卵期在4月下旬至5月上旬，幼虫期在5月中旬至5月下旬，成虫期在6月。二代卵期在6月，幼虫期在6月下旬至7月上旬，成虫期在7月中旬。7月中旬至9月上旬发生第三代。9月上旬至翌年4月发生第四代。成虫昼伏夜出，有趋光性、趋化性。卵多产于老叶正面。初孵幼虫在幼嫩芽叶内，吐丝缀结叶尖潜居其中取食，老熟后多离开原虫苞，重新缀结2片老叶，在其中化蛹。天敌有松毛虫赤眼蜂、小蜂、茧蜂、寄生蝇等。

4. 防治要点

（1）农业防治：冬季剪除虫枝，清除枯枝、落叶和杂草，减少虫源。发生期及时摘除卵块、虫果及卷叶团，集中消灭。

（2）生物防治：在第一、二代

成虫产卵期释放松毛虫赤眼蜂,每代放蜂3~4次,5~7天施放1次,每667平方米每次放蜂2.5万头。

(3)药剂防治:每代卵孵化盛期喷洒青虫菌,每克含100亿孢子1000倍液,可混入0.3%茶枯或0.2%中性洗衣粉提高防效;或喷洒白僵菌300倍液;90%晶体敌百虫或50%杀螟松乳油1000倍液、2.5%功夫乳油2000~3000倍液、10%氯菊酯乳油1500倍液等。

三十二、茶斑蛾

茶斑蛾属鳞翅目,斑蛾科。学名:*Eterusia aedea* Linnaeus,主要分布黄河以南及西南产区,危害柿、茶树等的芽和叶。

1. 危害特点 幼虫啃食叶片。低龄幼虫取食下表皮和叶肉,残留上表皮,形成半透明状白色薄膜;随虫龄增大,把叶片食成缺刻,重则吃光全叶,仅留主脉和叶柄。(图2-109)

图2-109 茶斑蛾幼虫食叶成缺刻

2. 形态鉴别 成虫:体长17~20毫米,翅展56~66毫米;雄蛾触角双栉齿状,雌蛾触角基部丝状,上部栉齿状,端部棒状;头、胸、腹基部和翅均为黑色,略带蓝色,具缎样光泽;头至第二腹节青黑色;前翅基部有数个黄白色斑块,中部内侧黄白色斑块连成1个横带,中部外侧散生11个斑块;后翅中部黄白色横带较宽,近外缘处散生若干个黄白色斑块。卵:椭圆形,初鲜黄色,渐变成灰褐色。幼虫:老熟幼虫体长20~30毫米,圆形,似菠萝状;体黄褐色,肥厚;中、后胸背面各具瘤突5对,腹部第一至八节各有瘤突3对,第九节生瘤突2对,瘤突上均簇生短毛。蛹:长20毫米左右,黄褐色。茧:褐色,长椭圆形。(图2-110,图2-111)

3. 发生特点 年发生2代,以老熟幼虫在树基部分权处或枯叶下、土缝内越冬。翌年3月中、下旬出蛰上树危害,4月中、下旬结茧化蛹,5月中旬至6月中旬成虫羽化产卵。第一代幼虫发生期在6月上旬至8月上旬,8月上旬至9月下旬化蛹,9月中旬至10中旬第一代成虫羽化产卵。10月上旬第二代幼虫发生,危害至11月寻找合适场所越冬。成虫活泼,昼夜活动,善飞行,有趋光性。成虫

第二章 柿害虫鉴别与无公害防治

图 2-110　茶斑蛾成虫

图 2-111　茶斑蛾幼虫

具异臭味，受惊后触角摆动，口吐泡沫。卵成堆产在树木枝干上，每堆十至百余粒，每头雌成虫产卵 200～300 余粒。初孵幼虫多群集于中下部或叶背取食，稍大后分散沿叶缘咬食致叶片成缺刻。幼虫行动迟缓，受惊后体背瘤状突起处分泌透明无毒黏液，老熟后在老叶正面吐丝结茧化蛹。

4．防治要点

（1）农业防治：冬、春季彻底清除果园中的残枝、落叶、杂草，集中处理；耕翻园地，利用低温和鸟食消灭越冬幼虫。

（2）灯光诱杀：果园安装频振式杀虫灯，诱杀成虫。

（3）药剂防治：卵孵化前后和低龄幼虫期，叶面喷洒 50% 马拉硫磷乳油或 40% 毒死蜱乳油 1000 倍液；80% 敌敌畏乳油或 2% 罗速发乳油 1500 倍液；5.7% 百树菊酯乳油或 5% 来福灵乳油 3000 倍液等。

三十三、短额负蝗

短额负蝗属直翅目，尖蝗科。学名：*Atractomorpha sinensis* Bolvar.，分布全国各柿产区，危害柿、草莓、石榴、柑橘等多种果、林木的芽、叶。

1．危害特点

若、成虫初时在叶正面剥食叶肉，留下表皮，继而把叶片吃成孔洞或缺刻，似破布状。对柿树幼树嫩芽、叶危害重。

2．形态鉴别

成虫：体长 20～30 毫米，头至翅端长 30～48 毫米；体绿色或褐色（冬型）；头尖削，绿色型自复眼向下斜有 1 条粉红斑纹，与前、中胸背板两侧下缘的粉红斑纹衔接；体表有浅黄色瘤状突起；后翅基部红色，端部淡绿色；前翅长度超过后足腿节端部约 1/3。卵：长椭圆形，长 2.9～3.8 毫米，黄褐色至深黄色，卵粒在卵块内倾斜排列成 3～5 行。若虫：共 5 龄。1 龄若虫草绿色，稍

带黄色；2龄后体色逐渐变绿，出现翅芽；至5龄时形似成虫。（图2-112）

图2-112 短额负蝗

3. 发生特点 华北年发生1代，江西2代，以卵在土中越冬。5月下旬至6月中旬为孵化盛期，7～8月成虫羽化。喜栖于植被多、湿度大、双子叶植物茂密的环境，尤在灌渠两侧发生多。

4. 防治要点

（1）农业防治：冬、春季深中耕园地及周边田埂、地边，将卵块暴露于地面晒干或冻死。

（2）保护、利用麻雀、青蛙、大寄生蝇等天敌防治。

（3）药剂防治：在早春和7月卵块孵化前或在测报基础上，抓住初孵蝗蝻在田埂、渠堰集中危害双子叶杂草且扩散能力极弱时，喷洒50%马拉硫磷乳油1000倍液或25%灭幼脲悬浮剂1500～2000倍液，20%速灭杀丁乳油2000倍液、20%灭扫利乳油2500～3000倍液、10%灭百克乳油2000～2500倍液等。

三十四、麻皮蝽

麻皮蝽属半翅目，蝽科。学名：*Erthesina fullo* Thunberg，又名黄霜蝽、黄斑蝽、麻皮蝽象、臭屁虫，分布全国各柿产区，危害柿、枣、梨、石榴、柑橘等果树的叶。

1. 危害特点 成、若虫刺吸寄主植物的嫩茎、嫩叶和果实汁液。叶片和嫩茎被害后，出现黄褐色斑点，叶脉变黑，叶肉组织颜色变暗，重者导致叶片提早脱落、嫩茎枯死；果实被害后，果面呈现黑色麻点。

2. 形态鉴别 成虫：体长18～24.5毫米，宽8～11.5毫米，密布黑色点刻；背部棕褐色；前胸背板、小盾片、前翅革质部布有不规则细碎黄色突起斑纹；前翅膜质部黑色；腹面黄白色；头部稍狭长，前尖；触角5节，黑色，丝状。卵：近鼓状，顶端具盖，白色。若虫：初龄若虫胸、腹背面有许多红、黄、黑相间的横纹；2龄若虫腹背前面有6个红黄色斑点，后面中间有1个椭圆形褐色突起斑；老熟若虫与成虫相似，红褐色或黑褐色，触角4节、黑色，前胸背板中部及小盾片两侧角具6个淡红色斑点，

腹背中部具暗色斑 3 个,其上各有淡红色臭腺孔 2 个。(图 2-113,图 2-114)

图 2-113　麻皮蝽成虫

图 2-114　麻皮蝽若虫

3. 发生特点　年发生 1 代,以成虫于草丛、树洞、树皮裂缝、枯枝落叶下、墙缝或屋檐下越冬。翌春果树发芽后开始活动,5 ~ 7 月交配产卵。卵多产于叶背,数粒或数十粒粘在一起,卵期约 10 天。5 月中旬见初孵若虫,7 ~ 8 月羽化为成虫,危害至深秋,10 月开始越冬。成虫飞行力强,喜在树冠上部活动,有假死性,受惊时分泌臭液。

4. 防治要点

(1) 农业防治:冬、春季清除园地枯叶杂草,集中烧毁或深埋。成、若虫危害期,在成虫产卵前,于清晨震落捕杀。

(2) 药剂防治:成虫产卵期和若虫期喷洒 25% 溴氰菊酯乳油 2000 倍液或 10% 氯菊酯乳油 1000 ~ 1500 倍液、30% 杀虫磷乳油 600 ~ 1000 倍液、10% 杀螟菊酯乳油 800 ~ 1000 倍液等。

三十五、茶翅蝽

茶翅蝽属半翅目,蝽科。学名:*Halyomorpha halys* Stal,又名臭木蝽象、臭木蝽、茶色蝽,除新疆、宁夏、青海未见报道外,其余各省均有分布,危害柿、枣、梨、石榴、苹果、柑橘等果树的叶、芽和果实。

1. 危害特点　成、若虫刺吸叶、嫩梢及果实汁液,致植株生长变弱,果实表面出现黑色斑点。

2. 形态鉴别　成虫:体长 12 ~ 16 毫米,宽 6.5 ~ 9.0 毫米,扁椭圆形,淡黄褐色至茶褐色,略带紫红色;前胸背板、小盾片和前翅革质部有黑褐色刻点,前胸背板前缘横列 4 个黄褐色小点,小盾片基部横列 5 个小黄点;腹部侧接缘为黑黄相间。卵:圆筒形,直径约 0.7 毫米，灰白色至黑褐色。若虫：初孵体长 1.5 毫米左右，近圆形，腹部淡橙黄色，各腹节两侧节间各有 1 个长方形黑斑（共 8 对），腹部第三、五、七节背面中部各有 1 个较大的长方形黑斑；老熟若虫与成虫相似，无翅。（图 2-115，图 2-116）

图 2-115　茶翅蝽成虫

图 2-116　茶翅蝽大龄若虫

3. 发生特点　年发生 1 代，以成虫在空房、屋角、檐下、树洞、土缝、石缝及草堆等处越冬。5 月上旬陆续出蛰活动，6 月上旬至 8 月产卵。卵块多产于叶背，每块 20～30 粒，卵期 10～15 天，6 月中、下旬为卵孵化盛期。7 月上旬出现若虫。8 月中旬至 9 月下旬为成虫盛期。成虫和若虫受到惊扰或触动时，即分泌臭液逃逸。天敌有蝽象黑卵蜂、稻蝽小黑卵蜂等。

4. 防治要点

（1）保护利用天敌：①5 月至 7 月为该虫寄生蜂成虫羽化和产卵期，果园应避免使用触杀性杀虫剂；②果园外围栽榆树作为防护林，可保护蝽象黑卵蜂到林带内蝽象卵上繁殖。

（2）农业防治：冬、春季捕杀越冬成虫。发生期随时摘除卵块及时捕杀初孵群集若虫。

（3）药剂防治：于成虫产卵期和低龄若虫期喷洒 48% 乐斯本乳油 2000 倍液或 20% 氰戊菊酯乳油 3000 倍液、50% 丙硫磷乳油 1000 倍液、5% 氟虫脲乳油 1000～1500 倍液。

三十六、梨网蝽

梨网蝽属半翅目，网蝽科。学名：*Stephanitis nashi* Esaki et Takeya，又名梨花网蝽、梨军配虫，分布全国各产区，危害柿、梨、山楂、樱桃、李、杏、苹果、核桃等果树的叶。

1. 危害特点　以成、若虫在

寄主叶片背面刺吸危害,被害叶正面形成苍白斑点,叶片背面因虫的排泄物呈黑灰色斑点,似雀斑;受害严重时使叶片提早枯黄脱落,影响树势和产量,并诱发煤污病。(图2-117)

2. 形态鉴别 成虫:体长约3.5毫米,扁平,暗褐色;触角丝状;前胸背板中央纵向隆起,向后延伸如扁板状,盖住小盾片,两侧向外突出呈翼片状;前翅略呈长方形,具黑褐色斑纹,静止时两翅叠起,黑褐色斑纹呈"X"状;前胸背板与前胸均半透明,具褐色细网纹。卵:长椭圆形,长约0.6毫米,初产时淡绿色,渐变成淡黄色。若虫:共5龄。初孵若虫乳白色,近透明,渐变成深褐色;3龄后有明显的翅芽;老熟若虫头、胸、腹部两侧均有黄褐色刺状突起。(图2-118,图2-119)

3. 发生特点 北方地区年发生3~4代,长江流域年发生4~5代,均以成虫在枯枝落叶、树皮裂缝、杂草及土、石缝中越冬。翌年4月上旬开始取食危害。卵产于

图2-117 梨网蝽害叶背面和正面

图2-118 梨网蝽成虫

图2-119 梨网蝽若虫

叶片背面靠主脉两侧的叶肉内，卵期约15天。第一代若虫于4月下旬孵化，有群集性，若虫期约15天。成、若虫喜群集叶背主脉附近，被害叶面呈现黄白色斑点，叶背和下边叶面上常落有黑褐色带黏性的分泌物和粪便。5月中旬后各虫态同时出现，世代重叠。一年中以7～8月危害最重。高温干旱利于此虫发生。10月中、下旬以后，成虫寻找适当处所越冬。

4. 防治要点

（1）农业防治：冬季清除果园内枯枝、落叶、杂草，集中烧毁或深埋，以消灭越冬成虫。

（2）药剂防治：重点抓好第一代若虫孵化盛期（即4月下旬）的防治，叶面喷洒40%毒死蜱乳油或40%辛硫磷乳油1000倍液；20%杀灭菊酯乳油2500倍液、2.5%功夫乳油3000倍液、20%抑食肼可湿性粉剂1500～2000倍液、2%阿维菌素乳油4000～6000倍液等。

三十七、木橑尺蠖

木橑尺蠖属鳞翅目，尺蛾科。学名：*Culcula panterinaria* Bremer et Grey，又名木橑尺蛾、洋槐尺蠖、木橑步曲、核桃尺蠖、吊死鬼、小大头虫、棍虫，除西藏、青海等产区未见报道外，其他各产区均有分布，危害柿、核桃、木橑、苹果、山楂等果树的叶片。

1. 危害特点
幼虫食叶成缺刻或孔洞，重者把整枝叶片吃光。长江以北产区常局部重度发生，造成很大危害。

2. 形态鉴别
成虫：体长17～31毫米，翅展54～78毫米，翅体白色，头棕黄色；雌虫触角丝状，雄虫触角短羽状；胸背有棕黄色鳞毛，中央有1条浅灰色斑纹，前后翅均有不规则的灰色和橙色斑点，中室端部呈灰色不规则块状，在前后翅外缘线上各有1串橙色和深褐色圆斑；前翅基部有1个橙色大圆斑；雌虫腹部肥大，末端具棕黄色毛丛，雄虫腹瘦，末端鳞毛稀少。卵：椭圆形，初绿色，渐变至黑色，数十粒成块，上覆棕黄色鳞毛。幼虫：体长70毫米左右，体色似树皮，体上布满灰白色颗粒小点；头部密布白色、琥珀色、褐色泡沫状突起，头顶两侧呈马鞍状突起；前胸盾前缘两侧各有1个突起，气门两侧各生1个白点；胴部第二至十节前缘亚背线处各有1个灰白色圆斑。蛹：长30～32毫米，黑褐色。（图2-120，图2-121）

3. 发生特点
华北地区年发生1代，浙江地区年发生2～3代，以蛹在树冠下土缝或园地土块、砖石等隐蔽场所越冬。华北地区5～

图 2-120　木橑尺蠖成虫

图 2-121　木橑尺蠖幼虫

8月成虫多于夜晚羽化，成虫昼伏夜出，趋光性较强。卵产于树皮缝或石块上，每雌可产卵1000～3000粒，卵期9～11天。5月下旬至10月为幼虫发生期，8月危害严重。初孵幼虫有群集性，较活泼，可吐丝下垂借风力传播，2龄后分散危害。幼虫期40天左右，老熟后入土，多在3厘米深处群集化蛹越冬。

4. 防治要点

（1）农业防治：冬、春季彻底清园，并翻耕园地，利用低温和鸟食消灭土中越冬蛹；幼虫发生期摇树振落捕杀幼虫；园内放养鸡、鸭啄食幼虫。

（2）利用黑光灯诱杀成虫或清晨人工捕捉。

（3）药剂防治：各代幼虫孵化盛期，特别是第一代幼虫孵化期，喷洒50%速灭杀丁乳油2000～3000倍液或20%杀灭菊酯乳油3000倍液、50%杀螟松乳油1000倍液、90%晶体敌百虫800～1000倍液、50%辛硫磷乳油1200倍液等。依据物候期施药，第一次掌握在发芽初期，第二次在芽伸长35厘米时为宜。

三十八、苹梢鹰夜蛾

苹梢鹰夜蛾属鳞翅目，夜蛾科。学名：*Hypocala subsatura* Guenee，又名苹梢夜蛾、台湾下木夜蛾，分布全国各产区，危害柿、苹果、梨等果树的新梢、叶和果实。

1. 危害特点

幼虫危害新梢，吐丝把嫩梢新叶纵卷居内取食叶肉，受害植株呈多头和残叶枯梢。少量幼虫还蛀食危害幼果。

2. 形态鉴别

成虫：体长14～18毫米，翅展34～38毫米；下唇须发达，斜向下伸，状似鸟嘴，因而得名；触角丝状。一类成虫前翅紫褐色，外横线、内横线棕色波浪状，后翅棕黑色，上生3个橙黄色小斑和1个黄色回形大斑；另一类成虫前翅中部深棕色，前缘近顶角处生1个半月形浅褐色斑，后缘具浅褐色波形宽带，后翅同上。卵：半球形，直径0.6～0.7毫米，污白色，卵面生1个棕色环。幼虫：体长30～35毫米，体色有3种类型。黑色纵带型，头部黑色，背线绿色，体侧有1条黑色纵带和2条白色纵线；淡绿型，头及体色浅绿，黑色纵带消失，仅存4条白色纵线；黑褐型，全体黑褐色，仅存2条白色纵线。蛹：长14～17毫米，红褐色。（图2-122～图2-126）

图2-124　苹梢鹰夜蛾黑褐型幼虫

图2-125　苹梢鹰夜蛾黑色纵带型幼虫

图2-122　苹梢鹰夜蛾成虫

图2-126　苹梢鹰夜蛾蛹

图2-123　苹梢鹰夜蛾淡绿型幼虫

3. 发生特点　北方地区年发生1代，陕西关中地区为2代，广西为6代，以老熟幼虫入土化蛹越冬。2代区，越冬代成虫于5月中旬至6月上、中旬羽化，产卵于新梢芽苞和叶片背面。5月下旬至6月下旬第一代幼虫危害,幼虫老熟后入土约10厘米深处化蛹。一代成虫发生在7月下旬至9月上旬。第二代幼虫出现在8月上旬至9月中旬。成虫昼伏夜出,有弱趋光性。幼虫行动敏捷,受惊吐丝下垂。蛹在土壤中耐干旱不耐潮湿,蛹期土壤过湿易致蛹窒息而死。园地管理粗放、杂草多,则虫害发生重。

4. 防治要点

(1) 农业防治:冬、春季耕翻园地,利用低温和鸟食消灭越冬蛹;幼虫发生期及时剪除虫害新梢;一代蛹期及时果园灌水,既防旱,又可致一部分地下蛹窒息而死。

(2) 药剂防治:幼虫发生期及时喷洒40%辛硫磷乳油1000倍液或52.25%农地乐乳油1500倍液、20%氰戊菊酯乳油2000倍液、48%毒蜱乳油1500倍液等。

三十九、小绿叶蝉

小绿叶蝉属同翅目,叶蝉科。学名:*Empoasca flavescens* Fabricius,又名桃叶蝉、桃小叶蝉、桃小绿叶蝉、桃小浮尘子等,分布全国各桃产区,危害桃、柿、梨、苹果、杏、葡萄、樱桃、柑橘等果树的芽、叶。

1. 危害特点
成、若虫刺吸寄主汁液,被害叶初现黄白色斑点,渐扩大成片,严重时全叶苍白、早落。

2. 形态鉴别
成虫:体长3.3~3.7毫米,淡黄绿色至绿色;复眼灰褐色至深褐色;触角刚毛状;前胸背板、小盾片浅鲜绿色,常具白色斑点;前翅半透明,淡黄白色,周缘具淡绿色细边;后翅透明膜质;各足胫节端部以下淡青绿色,爪褐色;后足跳跃式;腹部背板色较腹板深,末端淡青绿色。卵:长椭圆形,0.6毫米×0.15毫米,乳白色。若虫:体长2.5~3.5毫米,与成虫相似。(图2-127)

图2-127 小绿叶蝉成虫

3. 发生特点
年发生4~6代,以成虫在落叶、杂草或低矮绿色植物中越冬。翌年春桃、李、杏发芽后出蛰,飞到树上刺吸汁液。卵多产在新梢或叶片主脉里,卵期5~20天,若虫期10~20天,非越冬成虫寿命30天,完成一个世代40~50天。因发生期不整齐致世代重叠,6月虫口数量增加,8~9月最多且危害重,秋后以成虫越冬。成、若虫喜欢白天活动,在叶背刺吸汁液或栖息。成虫善跳,可借风力扩散,旬均温15~25℃适其生长发育,28℃以上及连阴雨天气虫口密度下降。

4. 防治要点

(1)农业防治:冬、春季清除园内落叶及杂草,减少越冬虫源。

(2)药剂防治:越冬代成虫迁入后,各代若虫孵化盛期及时喷洒40%辛硫磷乳油1500倍液或10%吡虫啉可湿性粉剂2500倍液、50%马拉硫磷乳油1500倍液、20%扑虱灵乳油1000倍液、2.5%敌杀死乳油或10%溴氟菊酯乳油2000倍液、50%抗蚜威超微可湿性粉剂3000~4000倍液。

四十、大青叶蝉

大青叶蝉属鞘翅目,象甲科。学名:*Cicadella viridis* Linnaeus,又名青叶跳蝉、青叶蝉、大绿浮尘子、桑浮尘子,分布全国各产区,危害柿、核桃、苹果、桃、葡萄、枣、栗、樱桃、山楂、柑橘等果树的芽和叶。

1. 危害特点
成虫和若虫刺吸芽、叶汁液,致叶褪色、畸形、卷缩甚至枯死,并可传播病毒病。

2. 形态鉴别
成虫:体长7~10毫米,雄虫较雌虫略小,青绿色;头橙黄色,左右各具1个小黑斑,眼红色;前翅革质,绿色,微带青蓝,端部色淡近半透明;前翅反面、后翅和腹背均黑色,腹部两侧和腹面橙黄色。卵:长卵圆形,长约1.6毫米,乳白色至黄白色。若虫:与成虫相似,共5龄。初龄灰白色;2龄淡灰色,微带黄绿色;3龄灰黄绿色,胸腹背面有4条褐色纵纹,出现翅芽;4~5龄同3龄,老熟时体长6~8毫米。(图2-128,图2-129)

图 2-128 大青叶蝉成虫

图 2-129 大青叶蝉卵

3. 发生特点 北方地区年发生3代,以卵在树木枝条表皮下越冬。4月孵化,于杂草、农作物及花卉上危害,若虫期30~50天。各代发生期大体为:第一代4月上旬至7月上旬,成虫5月下旬出现;第二代6月上旬至8月中旬,成虫7月出现;第三代7月中旬~11月中旬,成虫9月出现。世代重叠严重。成虫夏季趋光性强,晚秋不明显。卵产于茎秆、叶柄、主脉、枝条等组织内,每处产卵6~12粒,排列整齐,表皮成肾形凸起。非越冬卵期9~15天,越冬卵期5个月以上。春季主要危害花卉及杂草等植物,9~10月则集中于秋季花卉及其他植物上危害,10月中、下旬第三代成虫陆续转移到果树、木本花卉和林木上危害,并产卵于枝条内,直至秋后,以卵越冬。

4. 防治要点

(1) 农业防治:彻底清除园内外杂草,减少叶蝉生活场所;发现产卵虫枝,及时剪除销毁;夏季灯光诱杀第二代成虫,减少三代的发生。

(2) 药剂防治:成、若虫危害期,喷洒80%敌百虫可溶性粉剂1000倍液或2.5%溴氰菊酯乳油2000~3000倍液、10%吡虫啉可湿性粉剂3000倍液、52.25%农地乐乳油1500倍液、2%异丙威粉剂每667平方米2千克等。

四十一、肾毒蛾

肾毒蛾属鳞翅目,毒蛾科。学名:*Cifuna locuples* Walker,又名大豆毒蛾、肾纹毒蛾,分布全国各产区,危害柿、苹果、山楂、樱桃等果树及大豆等农作物的叶。

1. 危害特点 幼虫啃食寄主的叶片,严重时将叶片吃光,仅剩叶脉。

2. 形态鉴别 成虫:雄蛾翅展34~40毫米,雌蛾45~50毫米;触角栉齿状;头、胸和足深黄褐色,腹部褐色;后胸和第二、三腹节背面各有1束黑色短毛;前翅前半部褐色,后半部黄褐色,具褐黄色肾形斑,斑纹外线深褐色;后翅淡黄褐色;前、后翅反面黄褐色;横脉纹、外线、亚端线和缘毛黑褐色;雌蛾比雄蛾色暗。幼虫:体长40毫米左右,体黑褐色,上具褐色刚毛;前胸背面两侧各有1个黑色大瘤,上生向前伸的长毛束;其余各体节瘤褐色,较小,上生白褐色毛,除前胸及第一至四腹节上的瘤外,其他瘤上生有白色羽状毛;第一至四腹节背面有暗黄褐色短毛刷,第八腹节背面有黑褐色毛束。(图2-130~图2-132)

3. 发生特点 长江流域年发生3代,贵州为2代,均以幼虫在

图 2-130 肾毒蛾成虫

图 2-131 肾毒蛾幼虫

图 2-132 肾毒蛾茧

中下部叶片背面越冬,翌年4月开始危害。贵州一代成虫于5月中旬至6月下旬发生,第二代于8月上旬至9月中旬发生。卵多产在叶背。卵期11天,幼虫期35天左右,蛹期10~13天。初孵幼虫群集在叶背取食叶肉。成长幼虫分散危害,食叶成缺刻或孔洞,严重时仅留主脉。老熟幼虫在叶背结丝茧化蛹。

4. 防治要点

(1)农业防治:冬、春季清除在叶片背面越冬的幼虫,减少虫源;幼虫危害期,掌握在各代幼虫分散危害之前及时摘除群集危害虫叶,集中消灭。

(2)药剂防治:卵孵化前后和幼虫分散危害前,叶面喷洒100亿活芽孢苏云金杆菌悬浮剂500~1000倍液或90%晶体敌百虫800倍液、80%敌敌畏乳油1000倍液、2%阿维菌素4000~6000倍液、20%菊·杀乳油1000~1500倍液等。

四十二、油桐尺蠖

油桐尺蠖属鳞翅目,尺蠖蛾科。学名:*Buzura suppressaria* Guenee,又名大尺蠖、量尺虫、油桐尺蛾、柴棍虫、卡步虫等,分布黄淮、华南、华东、西南等产区,危害柿、梨、板栗、柑橘、花椒、茶等果树及油桐等林木的叶。

1. 危害特点
幼虫食叶成缺刻或孔洞,重则把叶片吃光,致上部枝梢枯死。

2. 形态鉴别
成虫:雌蛾体长24~25毫米,翅展67~76毫米,触角丝状,体翅灰白色,密布灰黑色小点,翅上具3条不规则黄褐色波状横纹,翅外缘波浪状,具黄褐色缘毛,腹末具黄色绒毛;雄蛾体长 19~23 毫米,翅展 50~61 毫米,触角羽毛状,翅上具 2 条灰黑色横线,腹末尖细,其他特征同雌蛾。卵:椭圆形,长 0.7~0.8 毫米,初蓝绿色,渐变成黑色,常数百至千余粒聚集成堆,上覆黄色绒毛。幼虫:成龄体长 56~65 毫米;体色有深褐、灰褐、灰绿、青绿色等多型;头密布棕色颗状小点;前胸背面生突起 2 个,腹面灰绿色,胸腹部各节均具颗粒状小点,气门紫红色。蛹:圆锥形,长 19~27 毫米。(图 2-133~图 2-135)

图 2-133　油桐尺蠖成虫

图 2-134　油桐尺蠖幼虫

3. 发生特点　河南地区年发生 2 代,安徽、湖南地区年发生 2~3 代,广东地区 3~4 代,以蛹在土中越冬,翌年 4 月成虫羽化产卵。湖南长沙地区一代成虫寿命 6.5 天,二代 5 天;卵期一代 15.4 天,二代 9 天;幼虫期一代 33.6 天,二代 35.1 天;蛹期一代 36 天,越冬蛹期 195 天。成虫昼伏夜出,受惊后落地假死或短距离飞行,有趋光性。卵多块产于主干皮缝或茶丛枝叶间,单雌产卵 2000~3700 余粒。低龄幼虫取食叶片上表皮和叶肉,使叶片呈红褐色焦斑,稍大后食叶成缺刻,重者吃光全叶。老熟后入土 3~5 厘米,在距树干 30 厘米半径内化蛹。天敌有黑卵蜂、

图 2-135　油桐尺蠖蛹

寄生蝇等。

4. 防治要点

(1) 农业防治:冬、春季翻耕园地,利用低温和鸟食消灭越冬蛹;根据成虫多栖息于高大树木或建筑物上及受惊后有落地假死习

性,在各代成虫期于清晨进行人工扑打;卵期刮除树皮缝隙中的卵块。

(2)成虫盛发期利用黑光灯诱杀成虫。

(3)喷洒油桐尺蠖核型多角体病毒防治:在第一代幼虫1~2龄期喷洒每毫升含1.4亿油桐尺蠖核型多角体病毒液,当代幼虫死亡率80%,持效3年以上。

(4)药剂防治:掌握在卵孵化前后的关键期施药,可喷洒20%氰戊菊酯乳油1500倍液或52.25%农地乐乳油1500~2000倍液;25%甲奈威可湿性粉剂600~800倍液、25%灭幼脲悬浮剂800~1000倍液等。

四十三、乌桕黄毒蛾

乌桕黄毒蛾属鳞翅目,毒蛾科。学名:*Euproctis bipunctapex* Hanpson,又名乌桕毒蛾、枇杷毒蛾、乌桕毛虫、油桐叶毒蛾、角点毒蛾,分布黄淮、长江流域及以南产区,危害柿、枇杷、乌桕、油桐等果树及林木的芽、叶和果实。

1. 危害特点 幼虫啃食幼芽、嫩枝外皮及果实,致芽生长点受损,果实脱落,轻则影响果树生长,造成减产,重则整株枯死。

2. 形态鉴别 成虫:体长15~19毫米,翅展26~38毫米,密生橙色绒毛;前翅顶角有1个黄色三角区,内有2个明显的黑斑,前翅前缘、臀角三角区、后翅外线均为黄色。卵:椭圆形,长0.8毫米,黄绿色,卵块上覆深黄色绒毛。幼虫:体长25~30毫米,黄褐色,体侧及背上具黑疣突,上生白色毒毛。蛹:长10~15毫米,棕色。茧:灰黄色。(图2-136,图2-137)

图2-136 乌桕黄毒蛾成虫

图2-137 乌桕黄毒蛾幼虫

3. 发生特点 年发生2代,以幼虫于树皮缝隙和枝杈处越冬。翌年4月初开始活动危害,5月中、下旬于树根部和杂草丛中结茧化蛹。6月上、中旬成虫羽化,卵块产于叶背,卵期15天左右。初孵幼虫群集叶背或吐丝缀叶隐居其中，取食叶肉，稍大后早晚分散取食全叶，日中聚集树杈或树干阴面以避暑热。8月中旬第一代幼虫老熟，9月上旬第一代成虫出现，有趋光性。第二代幼虫于9月中旬开始取食危害，11月上旬在树干或枝杈处结丝网群聚越冬。天敌有寄生蜂、寄生蝇等。

4. 防治要点

（1）农业防治：利用幼虫群聚越冬的习性，于冬、春季人工扑杀；5月底至6月初耕翻园地，消灭土块下、石块下及杂草丛中的虫茧。

（2）保护、利用天敌防治。

（3）药剂防治：①幼虫发生期，利用幼虫有下树避阳的习性，在树干涂刷毒环环截，可涂刷50%辛硫磷乳油500倍液或30%乙酰甲胺磷乳油600～800倍液、10%联苯菊酯乳油2000倍液、2%氟丙菊酯乳油500～600倍液；25%仲丁威乳油800～1000倍液等；②幼虫孵化前后，叶面喷洒上述药剂的常用浓度防治。

四十四、白星花金龟

白星花金龟属鞘翅目，花金龟科。学名：*Liocola brevitarsis* Lewis，又名白纹铜花金龟、白星花潜、白星金龟子、铜克螂，分布全国各果区，危害柿、桃、杏、苹果、李、柑橘等果树的果实和根系。

1. 危害特点

成虫主危害花和果实，食花致花腐烂，果实近成熟时昼夜啃食果实致果肉腐烂；幼虫俗称"蛴螬"，危害果树根系。

2. 形态鉴别

成虫：体长17～24毫米，宽9～12毫米，椭圆形，具古铜或青铜色光泽，体表散布众多不规则白绒斑；触角深褐色；前胸背板具不规则白绒斑；前胸背板后角与鞘翅前缘角之间有1个三角片甚显著；鞘翅宽大，近长方形，白绒斑多为横向波浪形；臀板短宽，每侧有3个白绒斑呈三角形排列。（图2-138）

图2-138 白星花金龟成虫害柿果

3. 发生特点

年发生1代，以幼虫于土中越冬。成虫于5月上旬出现，6～7月为发生盛期，白天活动，有假死性，对酒醋味有趋性，飞行力强，常群聚危害花、果，产卵于土中。幼虫多以腐败物为食，并危害根系。天敌有多种鸟类、深山虎甲、粗尾拟地甲、寄生蜂、寄生蝇、寄生菌等。

4. 防治要点 此虫虫源来自多方，应以消灭成虫为主。

（1）农业和生物防治：早、晚张网，震落成虫；保护、利用天敌；果园施用腐熟有机肥，减少幼虫的发生。

（2）挂细口瓶捕杀：在距地面1～1.5米高的树枝上挂细口瓶，瓶里放入2～3个白星花金龟，引诱田间白星花金龟飞到瓶口附近爬行并掉入瓶中，每667平方米挂瓶40～50个，捕杀效果优异。

（3）药剂防治：成虫发生期，树上喷洒52.25%农地乐乳油或50%杀螟松乳油、45%马拉硫磷乳油1500倍液，或48%乐斯本乳油1200倍液、20%甲氰菊酯乳油2000倍液。

四十五、红脚绿丽金龟

红脚绿丽金龟属鞘翅目，丽金龟科。学名：*Anomala cupripes* Hope，又名红脚绿金龟、红脚丽金龟，幼虫统称为"蛴螬"，分布黄淮及西南、华南柿产区，危害柿、苹果、梨、枣等多种果树的芽、叶和根。

1. 危害特点 成虫危害叶片，幼虫危害地下根、茎。成虫将柿叶片吃成网状，残留叶脉，重者将整株的叶片吃光，严重影响柿树生长和产量。幼虫在地下危害各种果木和农作物的根部与幼茎，重者导致苗木枯死。

2. 形态鉴别 成虫：长椭圆形，背腹面弧形隆拱；体长18～26毫米，体宽11～14毫米；体的背面深铜绿色，有暗黄铜色闪光；腹面及足紫铜色泛红或金紫色；足粗壮，前足生黄色绒毛。卵：乳白色，椭圆形，2毫米×1.5毫米。幼虫：体长40～50毫米，头宽5.5毫米，圆筒形，头及腹部末节黑褐色，体初为乳白色，后呈黄白色或黄色，常弯成"C"状。蛹：椭圆形，长20～30毫米，宽10～13毫米，乳黄色至黄褐色。（图2-139）

图2-139 红脚绿丽金龟

3. 发生特点 年发生1代，以老熟幼虫在土中越冬。翌年春末，老熟幼虫在土中作蛹室化蛹，蛹期9～21天。成虫4～5月开始羽化出土，6～7月为出土盛期。

成虫出土后昼夜取食寄主的嫩叶和花,气温高、闷热无风的夜晚大量活动。成虫出土1个月后交配产卵,卵散产于土中,尤喜产于腐熟的堆肥内,卵期11~16天。7月初始见当年幼龄幼虫,11月以后幼虫进入越冬状态,幼虫期270~380天。成虫具假死性,趋光性不太强,黎明和黄昏时作短距离飞行,产卵期白天在土中产卵,夜晚仍出土取食,成虫期50~80天。

4. 防治要点

(1) 农业防治:冬、春季深耕园地,利用低温和鸟食消灭地下越冬幼虫;成虫发生期,利用其假死习性,于傍晚振落捕杀之。

(2) 诱杀成虫:在成虫出现盛期,将新鲜的杨、柳、榆枝条在90%晶体敌百虫100倍液中浸蘸2~3小时后,分插在果园中诱杀成虫;果园设置黑光灯诱杀成虫。

(3) 药剂防治:于傍晚成虫出土前在树下撒5%辛硫磷颗粒剂,施后耙松表土,使成虫触药中毒而死;也可在成虫发生量大时进行树上喷药,喷洒50%马拉硫磷乳油2000倍液或10%醚菊酯乳油1000~1500倍液、25%甲奈威可湿性粉剂1000倍液等。

四十六、斑喙丽金龟

斑喙丽金龟属鞘翅目,金龟科。学名:*Adoretus tenuimaculatus* Waterhouse,分布全国各柿产区,危害柿、苹果、葡萄等果树的花、果和叶。

1. 危害特点

成虫危害果树的花、果和叶片。食花致花脱落;啃食树上红熟变软的柿果,并招致苍蝇等危害;而被害叶多呈锯齿状孔洞。幼虫危害苗木根部。(图2-140,图2-141)

图2-140 斑喙丽金龟成虫害柿果

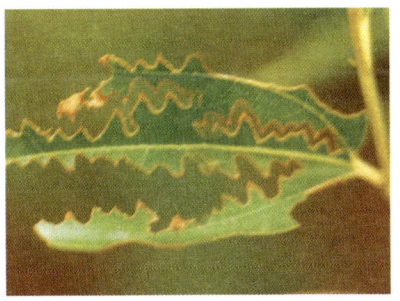

图2-141 斑喙丽金龟害叶状

2. 形态鉴别

成虫:体长12毫米,体背面棕褐色,密被灰褐色绒毛;翅鞘上有不规则白色斑点,并有稀疏成行的灰色毛丛,末端有一大一小两簇灰色毛丛。卵:长椭圆形,长1.7~1.9毫米,乳白色。幼虫:体长13~16毫米,乳白色,头部黄褐色;臀节腹面钩状毛21~35根,不规则散生。蛹:长10毫米左右,前圆后尖。

3. 发生特点 年发生2代,以幼虫在土中越冬。5月中、下旬至6月为越冬代成虫盛发期,6月中旬至7月中旬为第一代幼虫期,8月为第一代成虫盛发期,8月中、下旬幼虫孵化,10月下旬开始越冬。成虫白天潜伏于土中,晚上出来取食、交配、产卵。成虫食性杂,食量大,有假死和群集危害习性,在短时间内可将叶片吃成丝络状,只残留叶脉。雌虫产卵于土质肥沃的菜园、黏壤土质的田埂内。幼虫危害苗木根部,活动危害期以3.3厘米左右的草皮下较多,干旱时入土较深。化蛹于10~15厘米土壤内。

4. 防治要点 参考红脚绿丽金龟。

四十七、碧蛾蜡蝉

碧蛾蜡蝉属同翅目,蛾蜡蝉科。学名:*Geisha distinctissima* Walker,又名碧蜡蝉、黄翅羽衣、橘白蜡虫,分布全国各柿产区,危害柿、杏、苹果、无花果、柑橘等果树的枝、叶。

1. 危害特点 成、若虫刺吸寄主植物茎、枝、叶的汁液,严重时茎、枝和叶上布满白色蜡质,致使树势衰弱,造成落花、落果。

2. 形态鉴别 成虫:体长7毫米,翅展21毫米,体黄绿色;复眼黑褐色;前胸背板短,上有2条褐色纵带;中胸背板长,上有3条平行纵脊及2条淡褐色纵带;腹部浅黄褐色,覆白粉;前翅宽阔,外缘平直,翅脉黄色,红色细纹绕过顶角经外缘伸至后缘爪片末端;后翅灰白色,翅脉淡黄褐色,静息时,翅常纵叠成屋脊状。卵:纺锤形,长1毫米,乳白色。若虫:老熟若虫体长8毫米,体扁平,绿色,全身覆以白色棉絮状蜡粉,腹末附白色绵状长蜡丝。(图2-142,图2-143)

3. 发生特点 年发生1~2代,以卵在枯枝中越冬。翌年5月上、中旬孵化,7~8月若虫老熟,羽化为成虫,至9月受精雌成虫产卵于小枯枝表面和木质部。广西等地年发生2代,以卵越冬,也有以成虫越冬的。第一代成虫6~7月发生,第二代成虫10月下旬至11月发生。一般若虫发生期3~11个月。

4. 防治要点

(1) 农业防治:加强果园管

图 2-142 碧蛾蜡蝉成虫

图 2-143 碧蛾蜡蝉若虫

理,改善通风、透光条件,增强树势;冬、春季剪去枯枝,消灭其内越冬卵;幼虫发生期出现白色棉絮状物时,用木竿触动使若虫落地捕杀之。

(2)药剂防治:在若虫孵化盛期喷洒 50% 杀螟硫磷乳油或 90% 晶体敌百虫、50% 辛硫磷乳油、50% 马拉硫磷乳油等 1000 倍液;10% 醚菊酯乳油、20% 乙氰菊酯乳油 2000 倍液等。

四十八、斑衣蜡蝉

斑衣蜡蝉属同翅目,蜡蝉科。学名:*Lycorma delicatula* White,又名椿皮蜡蝉、斑衣、樗鸡、红娘子等,分布全国多数柿产区,危害柿、桃、杏、石榴、枣、核桃、香椿等树的叶、枝。

1. 危害特点 成、若虫刺吸枝、叶的汁液,排泄物常诱发煤污病,削弱树势,严重时引起茎皮枯裂,甚至死亡。

2. 形态鉴别 成虫:体长 15~20 毫米,翅展 39~56 毫米,雄虫较雌虫小,体基色暗灰泛红,体翅上常覆白蜡粉;头顶向上翘起呈短角状,触角红色、刚毛状;前翅革质,基部 2/3 为淡灰褐色,散生 20 余个黑点,端部 1/3 为暗褐色,脉纹纵向整齐;后翅基部 1/3 为红色,上有 6~10 个黑褐色斑点,中部白色、半透明,端部黑色。卵:长椭圆形,长 3 毫米左右,状似麦粒。若虫:体扁平,头尖长,足长;1~3 龄体黑色,布许多白色斑点;4 龄体背面红色,布黑色斑纹和白点;末龄体长 6.5~7 毫米。(图 2-144,图 2-145)

3. 发生特点 年发生 1 代,以卵块于枝干上越冬。翌年 4~5 月孵化。若虫喜群集嫩茎和叶背危害,若虫期约 90 天,6 月下旬至 7 月羽化。9 月交尾、产卵,多产卵在枝权处的阴面,每块有卵数十粒,卵粒排列成行,上覆灰色土状分泌

图 2-144　斑衣蜡蝉成虫

图 2-145　斑衣蜡蝉若虫

物。成、若虫均有群集性，较活泼、善跳跃，受惊扰即跳离。成虫以跳助飞，白天活动危害，寿命达4个月，危害至10月下旬陆续死亡。

4. 防治要点

（1）农业防治：冬、春季卵块极好辨认，用硬物挤压卵块消灭。

（2）药剂防治：可喷洒无公害生产允许使用的菊酯类、有机磷等及其复配药剂，常用浓度均有较好效果。由于若虫被有蜡粉，所用药液中混用含油量0.3%～0.4%的柴油乳剂或黏土柴油乳剂可显著提高防效。

四十九、山东广翅蜡蝉

山东广翅蜡蝉属同翅目，广翅蜡蝉科。学名：*Ricania shantungensis* Chou et Lu，分布山东、河南等产区，危害柿、山楂、石榴等果树的枝和叶。

1. **危害特点**　成、若虫危害枝、叶。成、若虫刺吸枝条、叶的汁液，产卵于当年生枝条内，致产卵部以上枝条枯死。（图2-146）

2. **形态鉴别**　成虫：体长约8毫米，翅展28～30毫米，雌大雄小，淡褐色略显紫红，被覆稀薄淡紫红色蜡粉；前翅宽大，脉纹明显，底色暗褐色至黑褐色，被覆稀薄淡紫红色蜡粉而呈暗红褐色，有的杂有白色蜡粉而呈暗灰褐色，前缘外1/3处有1个纵向狭长半透明斑，翅后半部有2条横向白色细线；后翅淡黑褐色，半透明，前缘基部略呈黄褐色，后缘色淡。卵：长椭圆形，1.3毫米×0.5毫米，乳白色至淡黄色。若虫：体长6.5～7毫米，宽4～4.5毫米，体近卵圆形，近似成虫；初龄若虫体被白色蜡粉，腹末有4束蜡丝呈扇状，尾端多向上前弯而蜡丝覆于体背。（图2-147，图2-148）

3. **发生特点**　年发生1代，以卵在枝条内越冬。翌年5月卵孵化为若虫，若虫有一定群集性，活

图 2-146　山东广翅蜡蝉危害状

图 2-147　山东广翅蜡蝉成虫

图 2-148　山东广翅蜡蝉若虫

泼善跳，危害至 7 月底、8 月中旬羽化为成虫，成虫于 9 月下旬至 10 月中、下旬产卵。成虫白天活动，触枝即跳，飞行迅速，喜于嫩枝、芽、叶上刺吸汁液。成虫多选直径 4～5 毫米的枝条光滑部产卵于木质部内，外覆白色蜡丝状分泌物，每雌可产卵 150 粒左右，并在多枝上产卵，产卵部位以上枝条多枯死。

4. 防治要点

（1）农业防治：冬、春季结合修剪剪除有卵块的枝条，集中深埋或烧毁，以减少越冬虫源。

（2）药剂防治：若虫孵化期和危害期喷洒 10% 吡虫啉可湿性粉剂 3000 倍液或 20% 叶蝉散乳油 1000～1500 倍液、25% 扑虱灵（噻嗪酮）可湿性粉剂 1000 倍液等。喷药时在药剂中加入 0.3%～0.5% 柴油乳剂，可提高防效。

五十、八点广翅蜡蝉

八点广翅蜡蝉属同翅目，广翅蜡蝉科。学名：*Ricania speculum* Walker，又名八点蜡蝉、八点光蝉、八斑蜡蝉、橘八点光蝉、咖啡黑褐蛾蜡蝉、黑羽衣、白雄鸡，分布全国多数柿产区，危害柿、桃、杏、石榴、柑橘等果树的枝、叶。

1. 危害特点
成、若虫刺吸嫩枝、芽、叶汁液；排泄物易引发病害；雌虫产卵时将产卵器刺入嫩枝茎内，破坏枝条组织，被害嫩枝轻则叶枯黄、长势弱且难以形成叶芽和花芽，重则枯死。

2. 形态鉴别
成虫：体长 6～7 毫米，翅展 18～27 毫米；头、胸部黑褐色；触角刚毛状；翅革质密布纵横网状脉纹；前翅宽大，略呈三角形，翅面被稀薄白色蜡粉，翅上具灰白色透明斑 5～6 个；后翅半透明，翅脉煤褐色，明显，中室端有 1 个白色透明斑。卵：长卵圆形，长 1.2～1.4 毫米，乳白色。若虫：低龄乳白色；成龄体长 5～6 毫米，宽 3.5～4 毫米，体略呈钝菱形，暗黄褐色；腹部末端有 4 束白色绵毛状蜡丝，呈扇状伸出，中间一对略长；蜡丝覆于体背以保护身体，常可呈孔雀开屏状，向上直立或伸向后方。（图 2-149，图 2-150）

3. 发生特点 年发生 1 代，以卵在当年生枝条里越冬。若虫 5 月中、下旬至 6 月上、中旬孵化，低龄若虫常数头排列于同一嫩枝上刺吸汁液危害，4 龄后散害于枝梢叶果间，爬行迅速，善于跳跃，若虫期 40～50 天。7 月上旬成虫羽化，飞行力较强且迅速，寿命 50～70 天，危害至 10 月。成虫产卵期 30～40 天，卵产于当年生嫩枝木质部内，产卵孔排成一纵列，孔外带出部分木丝并覆有白色絮状蜡丝，极易发现与识别。成虫有趋聚产卵的习性，虫量大时被害枝上刺满产卵痕迹。

4. 防治要点

（1）农业防治：冬、春季剪除被害产卵枝，集中烧毁，减少越冬虫源。

（2）药剂防治：虫量多时，于 6 月中旬至 7 月上旬若虫羽化危害期，喷洒 48% 乐斯本乳油 1000 倍液或 10% 吡虫啉可湿性粉剂 3000～4000 倍液、5% 氟氯氰菊酯乳油 2000～2500 倍液等。药液中加入含油量 0.3%～0.4% 的柴油乳剂或黏土柴油乳剂，可溶解虫体蜡粉，显著提高防效。

图 2-149　八点广翅蜡蝉成虫

图 2-150　八点广翅蜡蝉若虫

五十一、柿长绵粉蚧

柿长绵粉蚧属同翅目，粉蚧

科。学名：*Phenacoccus pergandei* Cockerell，又名长绵粉蚧，分布云南及周边产区，危害柿、苹果、梨、枇杷、无花果等果树的嫩梢和叶。

1. 危害特点　雌成虫、若虫吸食嫩梢、枝和叶的汁液，排泄物污染叶面，易诱发煤污病。

2. 形态鉴别　成虫：雌体长约3毫米，扁椭圆形，黄绿色至浓褐色，触角丝状，足3对，体表布白蜡粉，体缘具圆锥形蜡突10～18对，成熟时后端分泌出白色绵状长卵囊，形状似袋，长20～30毫米；雄体长2毫米，淡黄色，似小蚊，触角念珠状，足3对，前翅白色、透明、较发达，后翅退化成平衡棒，腹部末端两侧各具细长白色蜡丝1对。卵：淡黄色，近圆形。若虫：椭圆形，与雌成虫相似。雄蛹：长约2毫米，淡黄色。(图2-151)

3. 发生特点　年发生1代，以若虫在枝条上结大米粒状的白茧越冬。翌春寄主萌芽时开始活动，4月下旬羽化为成虫。雌雄交配后雄虫死亡，雌虫爬至嫩梢和叶片上危害，逐渐长出卵囊，至6月陆续成熟产卵在卵囊中，卵期15～20天。6月中旬至7月上旬孵化，初孵若虫固着叶背主脉附近吸食汁液危害。10月转移到枝干上，多在阴面群集结茧越冬，常相互重叠堆集成团。5月下旬至6月上、中旬以及8月危害重。天敌有黑缘红瓢虫、大红瓢虫、二星瓢虫、寄生蜂等。

4. 防治要点

（1）农业防治：冬、春季刮树皮或用硬刷刷除越冬结茧若虫，集中销毁，刮后用石灰水涂干，可防病、防冻、杀虫。

（2）保护、利用天敌控制其发生。

（3）药剂防治：①落叶后或发芽前，喷洒3～5波美度石硫合剂或45%晶体石硫合剂20～30倍液、5%柴油乳剂；②若虫初孵转移期和危害期，喷洒10%氯菊酯乳油2000～2500倍液或20%多来宝乳油1000倍液、48%乐斯本乳油1000～1500倍液、80%敌敌畏乳油1000倍液，喷药时混入含油量1%的柴油乳剂有明显增效作用。

图2-151　柿长绵粉蚧雌成虫

五十二、红蜡蚧

红蜡蚧属同翅目，蜡蚧科。学名：*Ceroplastes rubens* Maskell，除东北、西北部分地区外，几遍分布全国各产区，危害柿、无花果、柑橘等果树的枝、叶、果。

1. 危害特点 若虫聚集于枝条、叶片及果梗上吸取汁液，致抽梢量减少，枝叶萎黄干枯，果梗受害致果小且易脱落，并易诱发煤污病。（图2-152）

图2-152 红蜡蚧危害枝

2. 形态鉴别 成虫：雌成虫椭圆形或卵形，体长3～4毫米，高约2.5毫米，背部隆起的蜡质介壳呈半球形，初粉红色，渐变为暗红色，介壳中央顶部凹陷，虫体紫红色，半球形，触角6节；雄成虫体长1毫米，翅展2.4毫米，暗红色，前翅1对，白色半透明。卵：椭圆形，淡红色，长0.3毫米。若虫：扁平椭圆形，长0.4毫米，暗红色，随虫龄增大蜡质增厚。蛹：体长1.2毫米，淡黄色。茧：椭圆形，暗红色，长1.5毫米。（图2-153）

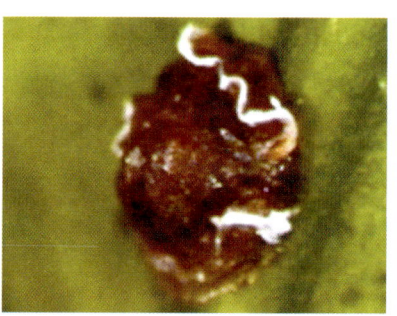

图2-153 红蜡蚧雌成蚧蜡壳

3. 发生特点 年发生1代，以受精雌成虫越冬。5月下旬至6月上旬越冬雌成虫产卵，6月上、中旬若虫孵化。雌若虫危害期60～80天，8月下旬至9月上旬成熟交尾后越冬；雄若虫危害至8月上、中旬化蛹，8月中旬至9月上旬羽化为成虫，交尾后死去。越冬雌虫产卵于体下，初孵若虫离母体后移至新梢，群集于向阳面的新叶及嫩枝上吸汁危害，光线较强的外侧枝叶上较多，树冠内膛枝叶较少。天敌主要有红点唇瓢虫、红蜡蚧狭窄跳小蜂、软蚧扁角跳小蜂、黑色软蚧蚜小蜂、日本软蚧蚜小蜂、环纹扁角跳小蜂、蜡蚧扁角跳小蜂等。

4. 防治要点

（1）农业防治：生长季节特别是冬、春季，彻底剪除有虫枝，集中烧毁；或用硬刷子刷除越冬幼虫；冬、春季枝条上结冰凌或雾凇时敲打树枝，虫体可随冰凌脱落。

（2）保护、利用天敌防治。

（3）药剂防治：①秋后或早春喷洒5%柴油乳剂，杀灭越冬雌蚧效果好；②掌握若虫孵化盛期的关键期，喷洒50%杀螟硫磷乳油1500倍液或25%噻嗪酮可湿性粉剂1500～2000倍液、48%毒死蜱乳油1500倍液、50%甲奈威可湿性粉剂800～1000倍液、50%敌敌畏乳油1000倍液等。

五十三、枣龟蜡蚧

枣龟蜡蚧属同翅目，蜡蚧科。学名：*Ceroplastes japonicus* Green，又名日本蜡蚧、日本龟蜡蚧、龟蜡蚧、龟甲蜡蚧，俗称枣虱子，除新疆、西藏未见报道外，其他各产区均有发生，危害柿、桃、枣、杏、石榴、柑橘等果树的枝、叶。

1. 危害特点 若虫固贴在叶面上吸食汁液；排泄物布满枝叶，7～8月间的雨季易引起大量煤污菌寄生，使叶、枝条、果实布满黑霉，影响光合作用和果实生长。（图2-154）

2. 形态鉴别 成虫：雌体椭圆形，紫红色，背覆白蜡质蚧壳，表面有龟状凹纹，体长约3毫米，宽2～2.5毫米；雄体长1.3毫米，翅展2.2毫米，体棕褐色，头及前胸背板色深，触角丝状，翅1对白色透明。卵：椭圆形，长径约0.3毫米，橙黄色至紫红色。若虫：体扁平椭圆形，长0.5毫米，后期虫体周围出现白色蜡壳。蛹：仅雄虫在蚧壳下化为裸蛹，梭形，棕褐色。（图2-155，图2-156）

图 2-154　枣龟蜡蚧危害枝条

图 2-155　枣龟蜡蚧雌成虫

图 2-156　枣龟蜡蚧雄介壳

3. 发生特点 年发生1代,以受精雌虫密集在1~2年生小枝上越冬。越冬雌虫4月初开始取食,5月下旬至7月中旬产卵,卵期10~24天,6月中旬至7月上旬孵化;初孵若虫多爬到嫩枝、叶柄、叶面上固着取食,8月初雌、雄开始性分化,8月下旬至10月上旬雄虫羽化,交配后即死亡,雌虫陆续由叶转到枝上固着危害,至秋后越冬。卵孵化期间,空气湿度大,气温正常,卵的孵化率和若虫成活率高。天敌有瓢虫、草蛉、长盾金小蜂、姬小蜂等。

4. 防治要点 防治关键期是雌虫越冬期和夏季若虫前期。

(1) 农业防治:从11月至翌年3月刮刷树皮裂缝中的越冬雌成虫,剪除虫枝;冬、春季遇雨雪天气,及时敲打树枝震落冰凌,可使越冬雌虫随冰凌震落。

(2) 保护、利用天敌。

(3) 药剂防治:在6月末、7月初,喷洒50%西维因可湿性粉剂400~500倍液或50%敌敌畏乳油1000倍液、20%甲氰菊酯乳油3000~4000倍液等;秋后或早春喷洒5%的柴油乳剂防效好。

五十四、柿草履蚧

柿草履蚧属同翅目,绵蚧科。学名:*Drosicha corpulenta* Kuwana,又名草履蚧、草履硕蚧、草鞋蚧壳虫,分布全国各柿产区,危害柿、桃、樱桃、杏、石榴、苹果、柑橘等果树的枝、干。

1. 危害特点 若虫和雌成虫刺吸嫩枝芽、叶、枝干和根的汁液,削弱树势,重者致树枯死。(图2-157)

图 2-157 柿草履蚧危害状

2. 形态鉴别 成虫:雌体长10毫米,扁平椭圆,背面隆起似草鞋,体背淡灰紫色,周缘淡黄,体被白蜡粉和许多微毛,触角黑色丝状,腹部8节,腹部有横皱褶和纵沟;雄体长5~6毫米,翅展9~11毫米,头、胸黑色,腹部深紫红色,触角黑色念珠状,前翅紫黑色至黑色,后翅特化为平衡棒。卵:椭圆形,长1~1.2毫米,淡黄褐色;卵囊长椭圆形,白色,绵状。若虫:体形与雌成虫相似,体小,色深。雄蛹:褐色,圆筒形,长5~6毫米。(图2-158,图2-159)

图 2-158 柿草履蚧雌成虫

图 2-159 柿草履蚧雄成虫

3. 发生特点 年发生 1 代，以卵和若虫在土缝、石块下或 10～12 厘米深的土层中越冬。卵于 2 月至 3 月上旬孵化为若虫并出土上树，初多于嫩枝、幼芽上危害，行动迟缓，喜于皮缝、枝杈等隐蔽处群栖，稍大喜于较粗的枝条阴面群集危害；雌若虫 5 月中旬至 6 月上旬羽化，危害至 6 月陆续下树入土分泌卵囊，产卵于其中，以卵越夏、越冬。天敌有红环瓢虫、暗红瓢虫等。

4. 防治要点

（1）雌成虫下树产卵前，在树干基部挖坑，内放杂草等诱集产卵，后集中处理。

（2）阻止初龄若虫上树：若虫上树前将树干老翘皮刮除 10 厘米宽一周，上涂胶或废机油，隔 10～15 天 1 涂 1 次，持续涂 2～3 次，注意及时清除环下的若虫。树干光滑者可直接涂。

（3）保护、利用天敌。

（4）药剂防治：若虫发生期喷洒 48% 乐斯本乳油 1500 倍液或 50% 辛硫磷乳油 1000 倍液、2.5% 敌杀死乳油 2000 倍液、5% 来福灵乳油 2000～3000 倍液，隔 7～10 天喷 1 次，连续防治 3～4 次。

五十五、桑白蚧

桑白蚧属同翅目，盾蚧科。学名：*Pseudaulacaspis pentagona* Targioni，又名桑盾蚧、桑介壳虫、桑介、桃介壳虫，分布全国各产区，危害柿、桃、杏、李等核果类果树的干、枝。

1. 危害特点 若虫和雌成虫群集在枝干上刺吸汁液，被害枝条被虫体覆盖呈灰白色，也危害果、叶，削弱树势，重者致树枯死。（图 2-166）

2. 形态鉴别 成虫：雌虫无翅，体长 0.9～1.2 毫米，淡黄色至橙黄色，介壳近圆形，直径 2～2.5 毫米，灰白色至黄褐色；雄虫只有 1 对灰白色前翅，体长 0.6～

0.7毫米，翅展约1.8毫米，介壳白色、细长，长1.2～1.5毫米。卵：椭圆形，橘红色。若虫：淡黄褐色，扁椭圆形，常分泌绵毛状物盖在体上。蛹：仅雄虫有，长椭圆形，长约0.7毫米，橙黄色。（图2-160）

图2-160 桑白蚧雌介壳

3. 发生特点 年发生2～5代，北方地区2代，浙江地区3代，广东地区5代，均以受精雌成虫在2年生以上的枝条上群集越冬。翌春果树萌芽时，越冬成虫开始危害，4月下旬至5月中旬产卵。5月中、下旬初孵若虫分散爬行到枝条背阴处取食，并固贴在枝条上分泌绵毛状蜡丝，形成介壳，第一代若虫期40～50天。6月下旬至7月上、中旬第一代成虫羽化，继续产卵于介壳下，卵期10天左右。第二代若虫发生在8月，若虫期30～40天。9月出现雄成虫。雌虫危害至9月下旬后越冬。天敌主要有红点唇瓢虫等。

4. 防治要点

（1）农业防治：冬、春季枝条上的雌虫介壳很明显，可用硬毛刷等刷掉越冬雌虫或剪除虫体较多的辅养枝，刷后以石灰水涂干。

（2）药剂防治：①冬前及春季果树发芽前，用5～7波美度石硫合剂涂刷枝条或喷雾，或用5%柴油乳剂或99%绿颖乳油（机油乳剂）50～80倍液喷雾，消灭越冬雌成虫；②5月中、下旬若虫孵化期，用48%乐斯本乳油或52.25%农地乐乳油、10%氯氰菊酯乳油2000倍液，25%扑虱灵可湿性粉剂1000～1500倍液、50%杀螟硫磷乳油1000倍液等喷雾。

五十六、康氏粉蚧

康氏粉蚧属同翅目，粉蚧科。学名：*Pseudococcus comstocki* Kuwana，又名梨粉蚧、李粉蚧、桑粉蚧，分布全国各柿产区，危害柿、枣、石榴、苹果、梨、桃、柑橘等果树的枝、叶。

1. 危害特点 成、若虫刺吸植物的幼芽、嫩枝、叶片、果实和根部的汁液，嫩枝和根部受害常肿胀且易纵裂而枯死，幼果受害多成畸形果；排泄物常引发煤污病，影响光合作用。

2. 形态鉴别 成虫：雌体长

3～5毫米，扁平椭圆形，体粉红色，表面被有白色蜡质物，体缘具有17对白色蜡丝，体前端的蜡丝较短，后端稍长，而最末一对特长，几乎与体长相等；雄体长约1毫米，紫褐色，翅透明，仅1对，翅展约2毫米，后翅退化成平衡棒。卵：椭圆形，长约0.3毫米，浅橙黄色。若虫：体扁平椭圆形，长约0.4毫米，淡黄色，外形似雌成虫。蛹：浅紫色，仅雄虫有蛹期。(图2-161，图2-162)

3. 发生特点 黄淮地区年发生3代。以卵在树干、枝条粗皮缝隙或石缝土块中以及其他隐蔽场所越冬。翌年春果树发芽时，越冬卵孵化成若虫，开始危害幼嫩部分。第一代若虫发生在5月中、下旬，第二代若虫发生在7月中、下旬，第三代若虫发生在8月下旬。雌成虫在枝干粗皮裂缝内或果实萼筒柄洼等处产卵，有的将卵产在土内。在产卵时，雌成虫分泌大量絮状蜡质卵囊，卵即产在其中，数十粒集中成块。天敌有草蛉、瓢虫等。

4. 防治要点

（1）农业和生物防治：晚秋树干束草或绑扎破麻袋，诱雌成虫产卵，于翌年春卵孵化之前将草束等物取下烧毁。冬、春季刮树皮或用硬毛刷子刷除越冬卵，集中烧毁或深埋。有条件的地区，可人工饲养和释放捕食性草蛉、瓢虫等天敌。

（2）药剂防治：早春喷施5%轻柴油乳剂或3～5波美度石硫合剂；在各代若虫孵化期喷洒50%敌敌畏乳油1200倍液或90%晶体敌百虫1500倍液，50%速灭松乳油或10%醚菊酯乳油1000倍液。

五十七、黑蝉

黑蝉属同翅目，蝉科。学名：*Cryptotympana atrata* Fabricius，又名蚱蝉，俗名蚂吱嘹、知了、蜘

图2-161　康氏粉蚧雌成虫

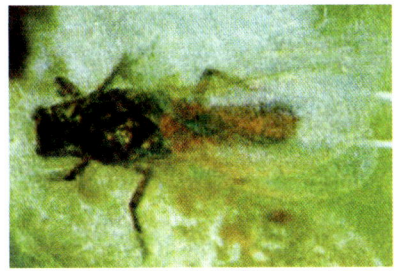

图2-162　康氏粉蚧雄成虫

瞭，分布全国各地，危害柿、枣、桃、杏、石榴、苹果、柑橘等果树的枝条、根系。

1. 危害特点 成虫刺吸枝条汁液，并产卵于1年生枝条木质部内，造成枝条枯萎而死；若虫生活在土中，刺吸根部汁液，削弱树势。

2. 形态鉴别 成虫：雌体长40～44毫米，翅展122～125毫米；雄体长43～48毫米，翅展120～130毫米；体黑色，有光泽，被金色绒毛；中胸背板宽大，中间高，并具有"×"形隆起；翅透明；雄虫腹部有鸣器，发生"吱"声长鸣，雌虫则无，但有听器。卵：长椭圆形，2.5毫米×0.5毫米，白色。若虫：初孵乳白色，渐至黄褐色，体长30～37毫米；前足开掘式，能爬行。（图2-163）

图2-163 黑蝉成虫

3. 发生特点 经12～13年完成1代，以卵于被害树枝内及以若虫于土中越冬。越冬卵于翌年春孵化，若虫孵化后潜入土壤50～80厘米深处，吸食树木根部汁液，在土中生活12～13年。若虫老熟后，于6～8月出土羽化，羽化盛期为7月。若虫于夜间出土，高峰时间为20～24时，出土后不久即羽化为成虫。成虫寿命60～70天，栖息于树枝上，夜间有趋光扑火的习性，白天"吱、吱"鸣叫之声不绝于耳。成虫产卵于当年生嫩梢木质部内，产卵带长达30厘米左右，产卵伤口深及木质部，受害枝条干缩、翘裂并枯萎。

4. 防治要点

（1）农业防治：利用若虫出土附在树干上羽化的习性和若虫可食的特点，发动群众于夜晚捕捉食用。成虫发生期，于夜间在园内、外堆草点火，同时摇动树干，诱使成虫扑火自焚。在雌虫产卵期，及时剪除产卵萎蔫枝梢，集中烧毁。

（2）药剂防治：产卵后入土前，喷洒40%辛硫磷乳油或45%马拉松乳油、50%丙硫磷乳油1000倍液，2.5%敌杀死乳油或10%氯菊酯乳油2000倍液等。

五十八、桃红颈天牛

桃红颈天牛属鞘翅目，天牛科。学名：*Aromia bugii* Fald.，又名红颈天牛、铁炮虫、哈虫，分布全国多数产区，危害柿、桃、杏、樱桃、苹果、柑橘等核果类果树的树干。

1. 危害特点 幼虫于韧皮部和木质部间蛀食,向下蛀弯曲隧道,内有粪屑,长达50~60厘米,隔一定距离向外蛀一排粪孔,致树势衰弱或枯死。

2. 形态鉴别 成虫:体长28~37毫米,体黑蓝,有光泽;触角丝状,11节,超过体长;前胸中部棕红色,背面具瘤状突起4个,侧刺突端尖锐;鞘翅基部宽于胸部,后端略窄,表面光滑。卵:长椭圆形,长6~7毫米,乳白色。幼虫:体长42~50毫米,黄白色;前胸背板横长方形,前半部横列黄褐色斑块4个,背面2个横长方形,后半部色淡,有纵皱纹。蛹:长26~36毫米,淡黄白色至黑色。(图2-164,图2-165)

3. 发生特点 2~3年完成1代,以各龄幼虫越冬,寄主萌动后开始危害。成虫发生期为南方地区5月下旬,北方地区7月上、中旬至8月中旬。成虫羽化后3~5天即产卵于距地面35厘米以内的树皮裂缝中,卵期7~9天。幼虫孵化后先蛀入韧皮部与木质部之间危害,虫体长大后才蛀入木质部危害,多由上向下蛀食成30~60厘米长的弯曲隧道,可达主根分叉处,隔一定距离向外蛀一排粪孔,粪屑堆积于地面或枝干上。幼虫期23~

图2-164 桃红颈天牛成虫

图2-165 桃红颈天牛幼虫

35个月,经2~3个冬天始老熟化蛹,蛹期17~30天。天敌有肿腿蜂等。

4. 防治要点

(1)农业防治:成虫发生期,白天捕杀成虫;幼虫孵化后检查枝干,发现新排粪孔时,用铁丝刺到隧道底部,上下反复几次,刺杀幼虫;及时清除死树和死枝,消灭虫源;在树干上涂刷石灰硫磺混合涂白剂(生石灰10份、硫磺1份、水40份),防止成虫产卵。

(2)保护、利用天敌防治。

(3) 药剂防治：6～9月发现排粪孔后，初期可用80%敌敌畏乳油10～20倍液涂抹排粪孔；防治晚时可先清除其中的粪便、木屑，然后塞入蘸有80%敌敌畏乳油10～20倍液的棉球或药泥，杀虫效果均良好。

五十九、咖啡木蠹蛾

咖啡木蠹蛾属鳞翅目，木蠹蛾科。学名：*Zeuzera coffeae* Nietner，又名咖啡豹蠹蛾、咖啡黑点木蠹蛾，分布华东、中南及西南等产区，危害柿、石榴、咖啡、核桃、苹果、柑橘等多种果树的枝干。

1. 危害特点　幼虫蛀入枝条嫩梢，致蛀孔以上的枝干枯死，遇风折断。幼树主茎受害后，树干短小，易生侧枝。（图2-166）

图2-166　咖啡木蠹蛾害枝枯

2. 形态鉴别　成虫：雌体长12～26毫米，翅展30～50毫米，雄虫较雌虫体小；体灰白色，具青蓝色斑点；雌虫触角丝状，雄虫触角基半部羽状，端半部丝状；胸部具白色长绒毛，中胸背板两侧有3对由青蓝色鳞片组成的圆斑；翅灰白色，翅脉间密布大小不等的青蓝色短斜斑点，外缘有8个近圆形青蓝色斑点；腹部被白色细毛，第三至七节背面及侧面有5个青蓝色毛斑组成的横裂，第八腹节背面则几乎为青蓝色鳞片所覆盖。卵：椭圆形，长0.9毫米，杏黄色至紫黑色。幼虫：体长30毫米左右，红色；头顶、上颚及单皮区域黑色，较硬，后缘有锯齿状小刺1排，中胸至腹部各节有成横排的黑褐色小颗粒状隆起。蛹：长圆筒形，雌蛹长16～27毫米，雄蛹长14～19毫米，褐色。（图2-167，图2-168）

3. 发生特点　长江流域以北地区年发生1代，长江以南地区年发生1～2代。2代区，第一代成虫发生期在5月上旬至6月下旬，第二代在8月初至9月底。以幼虫在被害枝条的虫道内越冬，翌年3月中旬开始取食，4月中旬至6月下旬化蛹，5月中旬至7月上旬成虫羽化，羽化后蛹壳留在羽化孔口，长久不落。5月底果园始见初孵幼虫。成虫昼伏夜出，趋光性弱。卵

图 2-167 咖啡木蠹蛾成虫

图 2-168 咖啡木蠹蛾幼虫

产于树皮缝、旧虫道内、新抽嫩梢上或芽腋处，单粒散产，卵期 9～15 天。在果园中，幼虫呈片状分布。幼虫多自嫩梢顶端腋芽处蛀入，虫道向上，蛀孔以上的叶柄凋萎、干枯，并易在蛀孔处折断。数天后幼虫钻出，向下转移，仍由腋芽处蛀入。6～7 月间当幼虫转移蛀入 2 年生枝条时，在木质部与韧皮部之间绕枝条蛀一周，很快致枝条枯死。幼虫在枯枝内向上取食筑道，每遇大风，被害枝条常在蛀环处折断。幼虫在 10 月下旬停止取食越冬。越冬幼虫天敌有小茧蜂、蚂蚁、串珠镰刀菌和病毒。

4. 防治要点

（1）及时剪除该虫危害的小枝，并烧毁。

（2）保护和利用天敌：小茧蜂在越冬后的幼虫体上可连续繁殖 2 代，在剪拾有虫枝条内常有一定数量寄生蜂，将虫枝分捆立于林地内，让蜂自然扩散，待 5 月上旬害虫化蛹后收集虫枝烧毁，消灭虫枝中的害虫。

（3）药剂防治：①在卵孵化盛期，初孵幼虫蛀入枝、干危害前喷洒 3% 乙酰甲胺磷或 50% 杀螟硫磷乳油 1000～1500 倍液或 2% 阿维菌素乳油 3000～4000 倍液、5% 氟虫脲乳油 1500 倍液；②在幼虫初蛀入韧皮部时，用 40% 毒死蜱柴油液（1∶9），或 50% 杀螟松乳油柴油溶液涂虫孔，杀虫率可达 100%。

六十、六星黑点蠹蛾

六星黑点蠹蛾属鳞翅目，木蠹蛾科。学名：*Zeuzera leuconotum* Butler，又名白背斑蠹蛾、栎干蠹蛾、枣树截干虫、胡麻布蠹蛾、豹纹蠹蛾，分布华东、华中、华南及西南等产区，危害柿、桃、枣、石榴、苹果等果树的树干。

1. 危害特点 幼虫蛀入枝干皮层和髓心部危害，致受害处以上枝条生长衰弱，重者枯死，对树体生长和开花结果影响较大。

2. 形态鉴别 成虫：雌蛾体长 18～30 毫米，翅展 33～46 毫米，体被灰白色鳞片,触角丝状,胸背具6个近圆形黑斑,前翅有10个椭圆形黑斑点,后翅前半部也布较小黑斑,腹部赤褐色,每节均生宽的黑横带,腹部各节有3块黑斑;雄蛾体长18～23毫米,触角双栉齿状,其他特征与雌蛾类似。卵:长椭圆形,长0.9～1毫米,浅黄色。幼虫:体长35～65毫米,头部黑色,大颚黑色、发达,前胸板、臀板黄褐色至黑褐色;前胸背板前缘有1个横脊状突起;胸部浅黄色,背部浅红色,各节具小黑点数个。蛹:长15～29毫米,浅红褐色。(图2-169,图2-170)

图2-169　六星黑点蠹蛾成虫

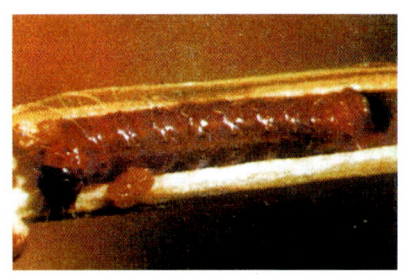

图2-170　六星黑点蠹蛾幼虫

3. 发生特点　多数地区年发生1代,河南地区2年完成1代,以幼虫在受害枝干内越冬。陕西地区4月中旬化蛹,5月中、下旬成虫羽化产卵;河南地区翌年5～6月间幼虫在隧道内化蛹,成虫7月羽化。成虫趋光性强。卵多成堆产在中龄枝干树皮上,每堆100～300粒,卵期15天左右。初孵幼虫爬行迅速,受惊吐丝下垂。幼虫从幼嫩枝腋芽处蛀入枝条髓心处危害,从尖端分段下移;大龄幼虫蛀害木质部及髓心部分,常导致枝干萎蔫枯死,果实脱落。老熟幼虫在隧道里作茧化蛹。羽化时,从羽化孔伸出半截蛹体羽化,蛹皮留在羽化孔处。

4. 防治要点

(1) 农业防治:幼虫化蛹至羽化前及时剪掉干枯的枝条,2～7月发现园内有枯黄枝叶也应及时剪除,集中烧毁。坚持实施2年可基本控制其危害。

(2) 保护和利用天敌:小茧蜂在越冬后的幼虫体上可连续繁殖2代,在剪拾有虫枝条内常有一定数量的寄生蜂,将虫枝分捆立于林地内,让蜂自然扩散,待5月上旬害虫化蛹后收集虫枝烧毁,消灭虫枝中的害虫。

(3) 药剂防治:在卵孵化盛期、初孵幼虫蛀入枝、干危害前,喷洒3%乙酰甲胺磷或50%杀螟松乳油1000~1500倍液,能收到良好的杀虫效果。在幼虫初蛀入韧皮部时,用40%毒死蜱柴油液(1∶9),或50%杀螟松乳油柴油溶液涂虫孔,杀虫率可达100%。

六十一、山楂长小蠹

山楂长小蠹属鞘翅目,长小蠹科。学名:*Platypus* sp.,又名山楂蠹虫,分布山西及周边产区,危害柿、山楂、苹果等果树的树干。

1. 危害特点 成虫、幼虫蛀食成龄树主干和大枝的木质部,致隧道纵横交错,严重时深达根部,影响树势。

2. 形态鉴别 成虫:雌体长5.5~6毫米,宽1.8毫米,雄虫略小;体长筒形,棕褐色,鞘翅后端黑褐色;头宽短;触角锤状,6节;前胸长方形,与头等宽;鞘翅近矩形,具8条纵刻点列,形成脊沟;腹部短小,5节;前足、中足相距较近;后胸长为腹部长的2~2.5倍,致后足似生于体末端。卵:椭圆形,0.6毫米×0.4毫米,乳白色。幼虫:体长5~6毫米,节间缢缩略弯曲,无足;头淡黄色,口器深褐色;胴部12节,乳白色;前胸粗大,向后渐细,前胸腹板较骨化,淡黄色,密生短毛;腹部末端腹面中央具淡黄褐色小瘤突1个。蛹:长筒形,长5~6毫米,乳白色至褐色。(图2-171)

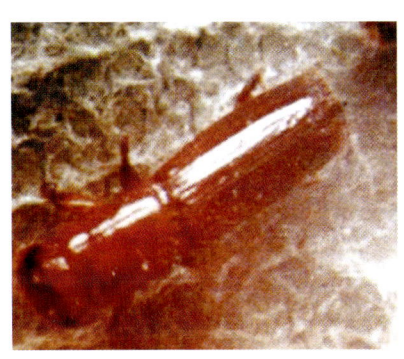

图2-171 山楂长小蠹

3. 发生特点 年发生2代,以各虫态越冬,但以成、幼虫为主。3月中旬开始活动,发生期不整齐,成虫出树有3个高峰期:4月底至5月初;7月中旬至8月上旬,此期发生数量最多,持续时间最长,是分散传播及侵害新树的时期;9月底至10月上旬。11月中旬当气温降至0℃时越冬。非越冬各虫态历期:成虫期50~60天,幼虫期23~28天,蛹期15~20天,卵期22~27天。成虫有假死性,多从树体主干死皮层凹沟处蛀入,蛀孔直径约1.5毫米,蛀道水平和垂直交互向下蛀,可至根部,在蛀道末端蛀有稍膨大的卵室。初孵幼虫近三角形,经14~16天蜕皮后成为正常体形的幼虫,再经9~12天老熟,各自蛀蛹室化蛹。

4. 防治要点

(1) 农业防治：加强果园综合管理，增施有机肥，科学修剪以减少伤口，合理灌排水，及时防治病虫害，增强树势，提高抗病虫能力。

(2) 药剂防治：成虫出树期是防治的关键时期，可喷洒 2.5% 敌杀死乳油或 5% 功夫乳油、20% 灭扫利乳油、20% 速灭杀丁乳油、10% 天王星乳油、10% 氯氰菊酯乳油 1500～3000 倍液等；40% 辛硫磷乳油或 48% 乐斯本乳油、45% 马拉硫磷乳油 800～1000 倍液等，单用、混用或其复配剂均可。注意喷洒树干至淋洗状态，兼对吉丁虫、瘤胸材小蠹等枝干害虫有防治作用。

六十二、瘤胸材小蠹

瘤胸材小蠹属鞘翅目，小蠹科。学名：*Xyleborus rubricollis* Eichhoff，分布长城以南及西藏、新疆等产区，危害柿、山楂、桃、核桃、杨等果树和林木的干、枝。

1. 危害特点
成、幼虫在干、枝木质部内蛀食，影响树势。

2. 形态鉴别
成虫：体长 2～2.5 毫米，宽 0.8～0.9 毫米，雄虫较雌略小；体棕褐色，密被浅黄色绒毛；前胸背板红褐色，鞘翅暗褐色至黑褐色，头部被前胸背板遮盖；前胸粗大，长为鞘翅长的 2/3，背板上布满颗瘤；小盾片三角形，狭长；鞘翅端部微斜截，鞘翅上各具 8 列纵刻点沟；腹板 5 节被鞘翅覆盖；触角 7 节，短小，锤状。卵：近球形，乳白色。幼虫：体长 2.2 毫米左右，略弯，无足；头浅黄色，口器淡褐色；胴部乳白色，12 节；胸部粗大。蛹：长 2 毫米，乳白色至浅黄色。(图 2-172)

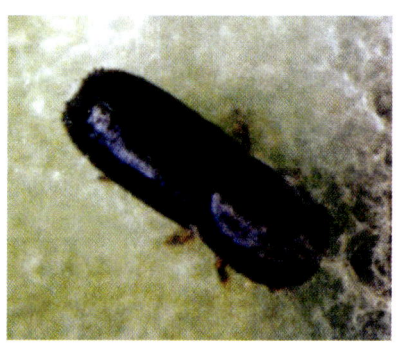

图 2-172　瘤胸材小蠹

3. 发生特点
生活史不详。初步观察：成虫行动迟缓，多在老翘皮下蛀入树体，蛀孔圆形，直径约 0.8 毫米。蛀道不规则，水平横向居多，长 10～20 余厘米，蛀道末端为卵室。幼虫孵化后在卵室和蛀道内活动危害，老熟幼虫在蛀道侧蛀蛹室化蛹。新羽化成虫出树期和侵入时，常在树干上爬行并在蛀孔处频繁进出，是药剂防治的关键期。

4. 防治要点

（1）农业防治：加强果园综合管理，增施有机肥，科学修剪以减少伤口，冬季防冻害，早春防霜冻，合理灌排水，疏花疏果防止大小年现象，及时防治病虫害，增强树势，提高抗病虫能力。

（2）药剂防治：掌握成虫出树期和侵入期，树干喷药至淋洗状态，兼对吉丁虫等枝干害虫有防治作用。可喷洒5%氯氟氰菊酯乳油或2.5%溴氰菊酯乳油、10%联苯菊酯乳油、20%甲氰菊酯乳油、10%氯氰菊酯乳油、20%氰戊菊酯乳油1500～3000倍液等；5%氟啶脲乳油或10%吡虫啉可湿性粉剂、48%毒死蜱乳油、40%辛硫磷乳油、45%马拉硫磷乳油800～1000倍液等，单用、混用或其复配剂均可。

第三章

柿园害虫主要天敌保护与鉴别利用

一、食虫瓢虫

食虫瓢虫属鞘翅目，瓢虫科。瓢虫的种类多达4000多种，其中80%以上是肉食性的，常见的有七星瓢虫、四斑月瓢虫、二星瓢虫、小红瓢虫、大红瓢虫、异色瓢虫、黑背小毛瓢虫、澳洲瓢虫、深点食螨瓢虫、黑襟毛瓢虫、龟纹瓢虫、孟氏隐唇瓢虫等，均为天敌昆虫，全国各产区均有分布。我国利用瓢虫防治果树害虫已达数十种。（图3-1）

图3-1 七星瓢虫成虫

1. 防治对象 以成虫、幼虫捕食叶螨、蚜虫、介壳虫、粉虱、木虱、叶蝉等小体型昆虫及鳞翅目低龄幼虫和卵。

2. 生活习性 捕食性瓢虫其食量很大，如异色瓢虫的1龄幼虫每天捕食蚜虫数量为10～30头，4龄幼虫为每天100～200头，成虫食量更大。而深点食螨瓢虫能捕食果树、蔬菜、花卉及林木中的多种螨类的成虫、若虫和卵，它的成虫和幼虫发生时期长，世代重叠，食量大，对果树上的螨类有较好的控制作用。

3. 利用方法

（1）利用七星瓢虫等防治果树蚜虫：食蚜瓢虫除七星瓢虫外，还有四斑月瓢虫、二星瓢虫、异色瓢虫、龟纹瓢虫、六斑月瓢虫等。于4～5月间把麦田的上述瓢虫引移到果园，每667平方米移入1000头以上，可有效地防治果树蚜虫；也可在早春利用田间的蚜虫饲养繁殖瓢虫，然后散放到果园中控制果树蚜虫，效果好。

（2）利用澳洲瓢虫、大红瓢虫、小红瓢虫防治果树害虫吹绵蚧：4～6月移殖散放到果园中心枝叶茂密、吹绵蚧多的果树上，每500株受害树散放200头成虫,散放后2个月可消灭吹绵蚧。

(3)利用食螨瓢虫防治果树害螨:常用的有深点食螨瓢虫、广东食螨瓢虫、拟小食螨瓢虫、腹管食螨瓢虫。生产上,华北地区用深点食螨瓢虫防治苹果叶螨效果很好,后三种分布于东南各省。在4~5月和9~10月将食螨瓢虫散放在果树枝条上,于每667平方米果园中央10株放200~400头,可控制山楂叶螨等。

二、草蛉

草蛉属脉翅目,草蛉科。幼虫又称蚜狮。草蛉种类多,分布广,食性杂,已知有86属1350多种,中国有15属100余种,常见的有中华草蛉、大草蛉、丽草蛉、叶色草蛉、晋草蛉等,分布在长江流域及北方各省,普通草蛉分布在新疆、黄淮、台湾等地。(图3-2)

图3-2 草蛉成虫

1. **防治对象** 草蛉是捕食性天敌昆虫。成虫、幼虫捕食螨类、蚜虫类、白粉虱、叶蝉、介壳虫、蓟马等多种小体型害虫以及蝶蛾类和叶甲类的卵和幼虫。

2. **生活习性** 草蛉食量大,行动迅速,捕食能力强。草蛉在华北地区年发生3~5代。其成虫产卵量大,少者300~400粒,多者达1000粒以上。草蛉发育一代需22~43天。1头大草蛉幼虫一生可捕食各类蚜虫600头以上;1头中华草蛉1~3龄幼虫平均日最多可捕食若螨400~700头左右,同时还可捕食其他害虫的卵和幼虫。中华草蛉控制害虫的作用非常明显。

3. **利用方法** 晋草蛉嗜食螨类,可用于防治山楂叶螨、卵形短须螨。大草蛉嗜食蚜虫,用于防治果树上的蚜虫。利用方法是:在上述螨类、蚜虫初发时投放即将孵化的灰色蛉卵;也可把蛉卵放入1%琼脂液中,用喷雾法施放。

草蛉的饲养:将新羽化的成虫集中入笼饲养,喂饲清水和啤酒酵母干粉加食糖混合(10∶8)的人工饲料;进入产卵前期转入产卵笼饲喂,每笼养雌草蛉50~75头,搭配少量雄虫,笼内壁围衬卵箔纸,24小时可获草蛉卵700~1000粒,每天更换卵箔纸1次,添加清水和饲料;把卵箔装进塑料袋,封口,置于 8～12℃ 条件下，存放 30 天，卵仍可孵化。

三、寄生蜂、蝇类

(一) 寄生蜂

寄生蜂属膜翅目，分属姬蜂科、小蜂科等，种类多，分布广，我国应用较多的有赤眼蜂、蚜茧蜂、甲腹茧蜂、上海青蜂、跳小蜂和姬小蜂、姬蜂和茧蜂等。

1. 防治对象 以雌成虫产卵于鳞翅目害虫，如桃蛀螟、果剑纹夜蛾、刺蛾、桃小食心虫、卷叶蛾及蚜虫等寄主体内或体外，以幼虫取食寄主的体液摄取营养，致寄主死亡。

2. 生活习性 不同的寄生蜂对寄主的寄生方式不同，可以分别寄生卵、幼虫、蛹和成虫、若虫。

(1) 赤眼蜂：是一种寄生在害虫卵内的寄生蜂，我国应用较多的有松毛虫赤眼蜂、拟澳洲赤眼蜂、舟蛾赤眼蜂及稻螟赤眼蜂等。该类蜂体型很小，眼睛鲜红色，故名赤眼蜂。它能寄生 400 余种昆虫的卵，尤其喜欢寄生鳞翅目昆虫的卵，例如果树上的刺蛾等，是果园害虫的重要天敌。果树上常见的松毛虫赤眼蜂，在自然条件下，华北地区年发生 10～14 代，每头雌蜂可繁殖子代 40～176 头。利用松毛虫赤眼蜂防治果园梨小食心虫，每 667 平方米放蜂量 8 万～10 万头，梨小食心虫卵寄生率为 90%，虫害明显降低，其效果明显好于化学防治。(图 3-3)

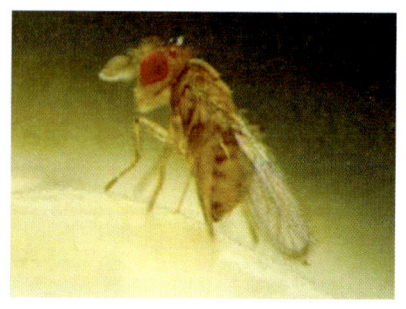

图 3-3　赤眼蜂成虫

(2) 蚜茧蜂：是一种寄生在蚜虫体内的重要天敌。蚜茧蜂在 4～10 月均有成虫发生，每头雌蜂产卵量数粒至数百粒，尤其喜欢寄生 2～3 龄若蚜，6～9 月寄生率较高，有时寄生率高达 80%～90%，对蚜虫种群有重要的抑制作用。

(3) 甲腹茧蜂：果园常见的是桃小甲腹茧蜂，年发生 2 代，寄主为桃小食心虫，以幼虫在桃小食心虫越冬幼虫体内越冬，世代发生与寄主同步，寄生率可达 25%～50%。

(4) 跳小蜂和姬小蜂：为旋纹潜叶蛾的主要天敌，均在寄主蛹内越冬，年发生 4～5 代，越冬代成虫 5 月将卵产于寄主幼虫体内，寄生率可达 40% 以上。(图 3-4)

图3-4 上海青蜂成虫

（5）姬蜂和茧蜂：可寄生多种害虫的幼虫和蛹，果树上主要有桃小食心虫白茧蜂和花斑马尾姬蜂。白茧蜂年发生4~5代，产卵于寄主卵内，随寄主卵孵化而取食发育，直至将寄主幼虫致死。马尾姬蜂年发生2代，以幼虫在寄主幼虫体内越冬，翌春待寄主化蛹后将其食尽，并在寄主蛹壳内化蛹。（图3-5，图3-6）

3. 利用方法 以赤眼蜂为例。用蓖麻蚕、柞蚕及松毛虫的卵繁殖松毛虫赤眼蜂和拟澳洲赤眼蜂，这两种赤眼蜂在蓖麻蚕卵内，25℃发育历期10~12天，每年可繁殖30~50代。繁殖时可从田间采集被赤眼蜂寄生的卵，羽化后进行鉴定再饲养。用于寄生的蓖麻蚕卵先洗掉表面胶质，用白纸涂薄胶后，把蚕卵均匀粘上，制成卵箔或称卵卡。繁蜂时把卵箔置于繁蜂箱透光一面，当种蜂羽化30%~40%时

图3-5 广黑点瘤姬蜂成虫

图3-6 绒茧蜂成虫

接蜂，成蜂趋光并趋向蚕卵寄生。种蜂和蓖麻蚕卵的比为2∶1或1∶1，适温25~28℃，相对湿度以85%~90%为宜。田间放蜂、繁蜂及防治对象的卵期应掌握恰当才能有效。制好的蜂卡要在蜂发育到幼虫期或预蛹期时置于10℃以下冷藏保存，50~90天内羽化率不低于70%。放蜂时，把即将羽

化的预制蜂卡按布局分放在田间,使其自然羽化;也可先在室内使蜂羽化,再饲以糖蜜,然后到田间均匀释放。防治发生代数较多或产卵期较长的害虫时,应在害虫产卵期内多次放蜂。

(二)寄生蝇

寄生蝇属双翅目,寄蝇科,是果园害虫幼虫和蛹的主要天敌,防治对象与寄生蜂类基本相同。其与苍蝇的主要区别是身上有很多刚毛,种类很多,果树上常见的有卷叶蛾赛寄蝇、伞裙追寄蝇等,寄主为桃小食心虫、大袋蛾、棉蚜虫、小地老虎等。(图3-7)

图3-7 寄生蝇寄生木蠹蛾幼虫

四、捕食螨

捕食螨属蛛形纲,分属不同的科,是以捕食害螨为主的有益螨类的统称。我国有利用价值的捕食螨种类有智利小植绥螨、东方植绥螨、尼氏钝绥螨、东方钝绥螨、拟长毛钝绥螨、西方盲走螨等。(图3-8)

图3-8 钝绥螨(上)捕食红蜘蛛

1. 防治对象 以成、若虫捕食害螨和蚜虫、介壳虫、叶蝉等小体型害虫和卵。

2. 生活习性 在捕食螨中,以植绥螨最为理想,它捕食凶猛,具有发育周期短、捕食范围广、捕食量大等特点。1头雌螨能消灭5头害螨在半月内繁殖的群体,同时还捕食一些蚜虫、介壳虫等小体型害虫。植绥螨发生代数因种类而异,一般年发生8~12代,以雌成虫在枝干树皮裂缝或翘皮下越冬。幼螨孵化后随即取食,成、若螨均可捕食害螨的各虫态。

3. 利用方法

(1)我国对几种植绥螨的饲养繁殖多采用隔水法:即在瓷盆内垫泡沫塑料,上盖一层薄膜,饲料和植绥螨放在薄膜上,盘中加浅水隔离,防止植绥螨逃逸。饲料以喜食的害螨为主,也可用20%~50%的蜂蜜水、鲜花粉或干燥2年的柑橘花粉。

(2)适时在果园中释放植绥螨:果园内种植益螨栖息植物,如豆类等,增加其栖息场所和食料来源;合理灌溉,提高果园相对湿度;加强测报,必要时进行挑治,以利益螨繁殖,使益螨种群数量增加,维持益、害螨之间的数量平衡,把害螨控制在经济阈值允许的范围之内。

五、蜘蛛

蜘蛛属蜘蛛纲,蛛形目,种类多,种群的数量大,分属不同的科。我国有3000多种,现已定名1500余种,其中80%生活在果园中,是害虫的主要天敌,如三突花蛛、草间小黑蛛、八斑球腹蛛、拟水狼蛛等。(图3-9)

1. 防治对象 捕食同翅目、鳞翅目、直翅目、半翅目、鞘翅目等多种害虫,如蚜虫、花弄蝶、毛虫类、蜡象、叶蝉、飞虱、卷叶蛾等的成虫、幼虫和卵。

2. 生活习性 蜘蛛寿命较长,小体型为半年以上,大体型可达多年;两性生殖,雄蛛体小,出现时间短,通常采到的多为雌蛛;抗逆性强,耐高温、低温和饥饿;为肉食性动物,性情凶猛,行动敏捷,专食活体,在它的视力范围或丝网附近的猎物很少能够逃脱;分结网和不结网两类,前者在地面土壤间隙做穴结网或在树冠上、草丛中结网,捕食落入网中的害虫,后者在地面游猎捕食地面和地下的害虫,也可从树上、草丛、水面或墙壁等处猎食,无固定的栖息场所。捕食时先用螯肢刺入活虫体内,注入毒液使之麻痹,然后取食。

3. 利用方法

(1)创造适于蜘蛛生存的环境条件,特别注意不要人为破坏蜘蛛结的丝网;收集田边、沟边杂草等处的蜘蛛,助其迁入果园。

(2)人工繁殖:人工繁殖母蛛越冬,待其产卵孵化后,分批释放至果园,增加果园有益蛛量;或于2~3月在田间收集越冬卵囊,冷藏在0℃左右的低温下,经40天对孵化无影响,待果树发芽后放入果园。

图3-9 蜘蛛

(3) 防治害虫时选择高效低毒农药,不准用剧毒农药,以免伤及害虫天敌。

六、食蚜蝇

食蚜蝇属双翅目,食蚜蝇科,种类多,分布广,主要有黑带食蚜蝇、斜斑额食蚜蝇等。(图3-10)

图3-10 食蚜蝇成虫

1. **防治对象** 捕食果树蚜虫、叶蝉、介壳虫、飞虱、蓟马、叶螨等小体型害虫和蝶蛾类害虫的卵和初龄幼虫。

2. **生活习性** 成虫颇似蜜蜂,但腹部背面大多有黄色横带,喜取食花粉和花蜜。卵单产,白色,大多产于蚜虫群中或其周围。黑带食蚜蝇是果园中较常见的一种。幼虫蛆形,头尖尾钝,体壁上有纵向条纹,碰到蚜虫就用口器咬住不放,举在空中吸食,把体液吸干后丢弃在一旁,继续捕食。幼虫孵化后即可捕食蚜虫,每只幼虫一生可捕食数百头至数千头蚜虫。黑带食蚜蝇在华北地区年发生4~5代,卵期3~4天,幼虫期9~11天,蛹期7~9天,多以末龄幼虫或蛹在植物根际土中越冬,翌春4月上旬成虫出现,4月下旬在果树及其他植物上活动取食,5~6月各虫态发生数量较多,7~8月蚜虫等食料缺乏时,幼虫在叶背或卷叶中化蛹越夏,秋季又继续取食或转移至果园附近农田或林木上产卵,孵化后继续取食蚜虫,秋后入土化蛹。

3. **利用方法**

(1) 种植蜜源植物,招引和诱集食蚜蝇繁衍。

(2) 人工繁殖和释放。

(3) 提倡使用高效低毒低残留农药,禁用剧毒农药,保护天敌。

七、食虫蝽象

食虫蝽象属半翅目,蝽总科,是果园害虫天敌的一大类群,种类很多,主要有茶色广喙蝽、东亚小花蝽、小黑花蝽、黑顶黄花蝽、白带猎蝽、褐猎蝽等。(图3-11)

1. **防治对象** 以成、若虫捕食蚜虫、叶螨、介壳类、叶蝉、蓟马、蝽象以及鳞翅目、鞘翅目害虫的卵及低龄幼虫。

2. **生活习性** 食虫蝽象与有

图 3-11　光肩猎蝽成虫

害蝽象的区别：有害蝽象有臭味，其喙由头顶下方紧贴头下，直接向体后伸出，不呈钩状；而食虫椿象大多无臭味，喙坚硬如锥，基部向前延伸，弯曲或呈钩状，不紧贴头下。在北方果区多数食虫蝽象年发生 4 代，发生期 4～10 月，以雌成虫在果树枝、干的翘皮下越冬，翌年 4 月开始活动取食。若虫孵化后即可以取食，专门吸食害虫的卵汁或幼、若虫体液。食虫蝽象捕食能力很强，1 头小黑花蝽成虫日平均捕食各种虫态叶螨 20 头、卵 20 粒、蚜虫 27 头。

3. 利用方法

（1）创造适于天敌活动的环境条件，招引和诱集天敌。

（2）人工繁殖和释放。

（3）果园用药要选用对天敌杀伤力小的农药，保护天敌。

八、螳螂

螳螂属螳螂目，螳螂科，俗称"砍刀"，种类多，分布广，我国有 50 多种，常见的有广腹螳螂、大刀螳螂、薄翅螳螂、中华螳螂等。(图 3-12)

1. 防治对象

捕食蚜虫类、蛾蝶类、甲虫类、椿象类等 60 多种果园害虫，食性很杂。

2. 生活习性

北方果区年发生 1 代，以卵在树枝上越冬。每年 5 月下旬至 6 月下旬孵化为若虫，8 月羽化为成虫，成虫交尾后雌成虫即将雄成虫吃掉，9 月后产卵越冬。自春至秋田间均有发生，成、若虫期 100～150 天，其间均可捕食害虫。若虫具有跳跃捕食习性，1～3 龄若虫喜食蚜虫，特别是有翅蚜；3 龄以后嗜食体壁较软的鳞翅目害虫；成虫则可捕食各类虫态的害虫。螳螂食量大，1 只螳螂一生可捕食害虫 2000 多头。其捕食有两大特点，一是只捕食活的猎物；二是即使吃饱了，见到猎物不吃也要杀死，即螳螂特有的杀死性。

图 3-12　螳螂雌成虫

3. 利用方法

(1) 人工繁殖和释放：螳螂产卵后，采集产有螳螂卵的枝条，放在室内保护越冬，第2年待初孵若虫出现时释放到果园，每667平方米释放200～300头。

(2) 注意化学药剂的品种选择、喷药量和喷药时期，尽量避免在杀死害虫的同时也杀死螳螂。

九、白僵菌

白僵菌为虫生真菌，属半知菌类，是昆虫的主要病原真菌。

1. 防治对象

可防治鳞翅目、鞘翅目、半翅目、同翅目、直翅目、膜翅目等200多种害虫的幼虫，如危害果树的桃小食心虫、桃蛀螟、刺蛾类、夜蛾类、梨虎象、柑橘卷叶蛾、拟小黄卷蛾、褐带长卷蛾、后黄卷叶蛾、荔枝蝽等。（图3-13）

图3-13 白僵菌致金龟子成虫死亡状

2. 作用机理

白僵菌菌剂一般为白色至灰白色粉状物，是白僵菌的分生孢子，国产白僵菌粉剂每克含活孢子50亿～80亿个。菌剂喷洒到害虫体上后，菌丝穿透幼虫体壁，在体内大量繁殖，约经2～3天致害虫死亡。死虫体壁坚硬，体表长满白色菌丝及孢子，称为白僵虫。虫体上的孢子随风扩散，遇到其他害虫又可传染，使害虫致病死亡。白僵菌寄主专一性强（对桃小食心虫的自然寄生率可达20%～60%），持效性长，可保护天敌，致死害虫速度虽不及化学农药效果明显，但对环境不会造成污染。

3. 利用方法

(1) 用于防治桃小食心虫和蛴螬：在果园桃小食心虫越冬幼虫出土和脱果初期以及蛴螬活动盛期，树下地面喷洒白僵菌粉每平方米8克，与25%辛硫磷微胶囊剂每平方米0.3毫升混合液，防效明显。用白僵菌高效菌株B-66处理地面，可使桃小食心虫出土幼虫大量感病死亡，幼虫僵死率达85.6%，并显著降低蛾、卵数量。

(2) 防治蚜虫：在蚜虫发生严重时喷洒白僵菌制剂，感染该菌的蚜虫死后表面呈白色，症状明显。

利用白僵菌制剂防治害虫时，菌液要随配随用，配好的菌液应在2小时内喷完，以免孢子过早萌发，失去致病力；田间湿度大、菌剂与虫体接触，防治效果才好。

十、苏云金杆菌

苏云金杆菌属细菌，又叫 Bt，亦称"424"，另杀螟杆菌、青虫菌、松毛虫杆菌、"7216"等都属于苏云金杆菌类。利用其制成的杀虫剂称为细菌杀虫剂。

1. 防治对象 能杀死农、林、果木的多种害虫，尤其对鳞翅目幼虫（如刺蛾类、卷叶蛾类、桃蛀螟、桃小食心虫、枣尺蠖等）防治效果好，且对草蛉、瓢虫等捕食性天敌无害。（图3-14）

图3-14 苏云金杆菌致鳞翅目幼虫死亡状

2. 作用机理 是目前世界上产量最大的微生物杀虫剂，已有100多种商品制剂。其制剂因采用的原料和方法不同，呈浅黄色、黄褐色或黑色粉末，每克含活孢子100亿～300亿个，可以喷雾、喷粉、泼浇或制成毒土和颗粒剂。杀虫细菌是一种好气性细菌，芽孢对高温忍耐力较强，制剂不受潮湿，保存适当可数年不丧失毒力。其杀虫机理是：害虫食菌后破坏害虫的肠道，影响取食，致害虫死亡。杀虫效果对老熟幼虫比幼龄害虫好。

3. 利用方法

（1）喷雾防治桃蛀螟、刺蛾和卷叶蛾类：选择有露水的早晨或空气湿度较大的傍晚，用每克含活孢子数为100亿的菌粉300～500倍液喷雾，使用时加0.1%的洗衣粉或豆面作为黏着剂，提高防治效果。

（2）菌粉应放在干燥阴凉处保存，避免水湿、曝晒；对家蚕有毒，严禁在桑园使用；因杀虫速度比化学农药慢，施药期应稍加提前。

十一、核多角体病毒

感染昆虫的病毒有3大类，即多角体病毒、颗粒病毒和无包涵病毒，其中利用最多的是多角体病毒。

1. 防治对象 致使近200种昆虫感染发病，主要是鳞翅目幼虫，如大袋蛾等。（图3-15）

2. 利用方法 饲养健康的幼虫至3龄末时，用带病毒的饲料喂食使其感染，3天后幼虫开始死亡；将死虫收集在棕色瓶里，即制成毒剂，贮存备用。防治大袋蛾时，

图 3-15 鳞翅目幼虫感染病毒死亡状

可在卵盛期喷布。每 667 平方米用 30～50 头死虫，研碎后用 2 层纱布过滤，再用少量清水冲洗，加至所需水量；每 667 平方米所用病毒制剂内加 30 克充分研碎的活性炭保护剂可提高防效。每代需喷 2～3 次，相隔 5～7 天。以此法防治 2 次的防效达 84% 以上，高于其他化学农药，且可以保护天敌。

十二、食虫鸟类

我国以昆虫为主要食料的鸟类约有 600 种，常见的有大山雀、燕子、大杜鹃、大斑啄木鸟、灰喜鹊、喜鹊、戴胜、黄鹂、柳莺等。(图 3-16，图 3-17)

1. 防治对象 可啄食多种农、林、果木的害虫，主要有叶蝉、叶蜂、蚜虫、木虱、蜡象、金龟甲、蝶蛾类幼虫等，果园内所有害虫都可能被取食，对害虫的控制作用非常大。虽然鸟类也啄食成熟的果实，使果实失去食用价值，但利大于弊。

图 3-16 戴胜

图 3-17 黑枕黄鹂

2. 生活习性

(1) 大山雀：山区、平原均有分布，地方性留鸟，喜在果园及灌木丛中活动，善跳跃和飞翔。其多在树洞、墙洞中筑巢，产卵 3～5 枚；食量很大，1 头大山雀 1 天捕食害虫的数量相当于自身体重。在大山雀的食物中，农林害虫数量约占 80%。

(2) 大杜鹃：夏候鸟或旅鸟，和鸽子大小相近，喜栖息在开阔的林地，以取食大型害虫为主，特别喜食一般鸟类不敢啄食的毛虫，如

刺蛾等害虫的幼虫。1头成年杜鹃1天可捕食300多头大型害虫。(图3-18)

(3) 大斑啄木鸟：身体上黑下白，尾下呈红色。在树上活动时，一面攀登，一面以嘴快速叩树，叩树之声不绝于耳，若树上有虫，则快速啄破树皮，用舌钩出害虫吞食，主要捕食鞘翅目害虫、椿象、天牛蛀干幼虫等。其食量很大，每天可取食1000～1400头害虫幼虫。(图3-19)

(4) 灰喜鹊：留鸟，全体灰色，灵活敏捷，善飞翔，喜在密集的果园和森林中群居和筑巢，喜食金龟子、刺蛾、蓑蛾等30余种害虫。1头灰喜鹊全年可吃掉1.5万头害虫。

3. 利用方法

(1) 禁止人为破坏鸟巢，以及捕猎、毒害鸟类。

(2) 招引鸟类：冬季在果园为食虫益鸟给饵，在干旱地区给水，在果园栽植益鸟食饵植物，在果园内设置人工鸟巢箱等，为益鸟的栖息和繁殖创造条件。

(3) 避免频繁使用广谱性杀虫剂，以免误伤鸟类。

(4) 人工饲养和驯化当地鸟类，必要时可操纵其治虫。

十三、蟾蜍(癞蛤蟆)、青蛙

蟾蜍是无尾目、蟾蜍科动物的总称，全国各地均有分布，有300多种。青蛙是无尾目、蛙科动物的总称，有650余种。青蛙和蟾蜍的区别：皮肤比较光滑、身体比较苗条、善于跳跃、会游泳的称为青蛙（图3-20）；而皮肤比较粗糙、身体比较臃肿、不善跳跃、不会游泳的称为蟾蜍（图3-21）。

1. 防治对象 主要捕食蚱蜢、蝶蛾类幼虫、象鼻虫、蝼蛄、金龟甲、蚜虫等多种害虫。

图3-18 大杜鹃

图3-19 大斑啄木鸟

图 3-20　青蛙

图 3-21　蟾蜍

2. 生活习性　青蛙和蟾蜍冬季多潜伏在水底淤泥里或烂草里,也有的在陆上泥土里越冬。从春末至秋末,白天栖息于石块下、草丛、土洞或池塘、水沟、小河内,黄昏和夜间捕食,有的昼夜均可取食,但以夜间的为多,尤其喜雨后捕食各种害虫;捕食量大,1头青蛙日捕食70多头害虫,对控制果园害虫效果明显。

3. 利用方法

(1) 禁止捕食青蛙和捕捞蝌蚪。

(2) 合理使用农药,禁止使用高毒、高残留农药,保护蛙类。

(3) 有目的的饲养:当田埂边或将要断水的沟渠中有蛙卵和蝌蚪时,及时捞取,放入有水沟渠中,使蛙卵正常孵化,使蝌蚪正常生长。

第四章

柿病虫无公害综合防治

一、适宜果园使用的农药种类及其合理使用

无公害果品生产使用的农药药剂必须是经国家正式登记的产品，不能使用有致癌、致畸、致突变危险的或有嫌疑的药剂。

（一）允许使用的部分农药品种及使用要求

在果园无公害果品生产中，要根据防治对象的生物学特性和危害特点合理选择允许使用的药剂品种，主要有如下种类。

1. 植物源杀虫、杀菌素 包括除虫菊素、鱼藤酮、烟碱、苦参碱、植物油、印楝素、苦楝素、川楝素、茴蒿素、松脂合剂、芝麻素等。

2. 矿物源杀虫、杀菌剂 包括石硫合剂、波尔多液、机油乳剂、柴油乳剂、石悬剂、硫磺粉、草木灰、腐必清等。

3. 微生物源杀虫、杀菌剂 如Bt乳油、白僵菌、阿维菌素、中生菌素、多氧霉素和农抗120等。

4. 昆虫生长调节剂 如灭幼脲、除虫脲、卡死克、性诱剂等。

5. 低毒低残留化学农药

（1）主要杀菌剂有：5%菌毒清水剂，80%喷克可湿性粉剂，80%大生M-45可湿性粉剂，70%甲基托布津可湿性粉剂，50%多菌灵可湿性粉剂，40%福星乳油，1%中生菌素水剂，70%代森锰锌可湿性粉剂，70%乙膦铝锰锌可湿性粉剂，834康复剂，15%粉锈宁乳油，75%百菌清可湿性粉剂，50%扑海因可湿性粉剂等。

（2）主要杀虫、杀螨剂有：1%阿维菌素乳油，10%吡虫啉可湿性粉剂，25%灭幼脲3号悬浮剂，50%辛脲乳油，50%蛾螨灵乳油，20%杀铃脲悬浮剂，50%马拉硫磷乳油，50%辛硫磷乳油，5%尼索朗乳油，20%螨死净悬浮剂，15%哒螨灵乳油，40%蚜灭多乳油，99.1%加德士敌死虫乳油，5%卡死克乳油，25%扑虱灵可湿性粉剂，25%抑太保乳油等。

允许使用的化学合成农药每种每年最多使用2次，最后一次施药距安全采收间隔期应在20天以上。

（二）限制使用的部分农药品种及使用要求

限制使用的化学合成农药品种主要有：48%乐斯本乳油，50%抗蚜威可湿性粉剂，25%辟蚜雾水分散粒剂，2.5%功夫乳油，20%灭扫利乳油，30%桃小灵乳油，80%敌敌畏乳油，50%杀螟硫磷乳油，10%歼灭乳油，2.5%溴氰菊酯乳油，20%氰戊菊酯乳油，40%乐果乳油等。

无公害果品生产中限制使用的农药品种，每年最多使用1次，施药距安全采收间隔期应在30天以上。

（三）禁止使用的农药

在无公害果品生产中，禁止使用剧毒、高毒、高残留、致癌、致畸、致突变和具有慢性毒性的农药，主要包括：

有机磷类杀虫剂，如甲拌磷、乙拌磷、久效磷、对硫磷、甲基对硫磷、甲胺磷、甲基异柳磷、特丁硫磷、甲基硫环磷、治螟磷、内吸磷、氧化乐果、磷胺、灭线磷、硫环磷、蝇毒磷、地虫硫磷、氯唑磷、苯线磷、水胺硫磷；

氨基甲酸酯类杀虫剂，如克百威、涕灭威、灭多威；

二甲基甲脒类杀虫剂，如杀虫脒；

取代苯类杀虫剂，如五氯硝基苯、五氯苯甲醇；

有机氯杀虫剂，如滴滴涕、六六六、毒杀芬、二溴氯丙烷、林丹；

有机氯杀螨剂，如三氯杀螨醇、克螨特；

砷类杀虫、杀菌剂，如福美砷、甲基砷酸锌、甲基砷酸铁铵、福美甲、砷酸钙、砷酸铅；

氟制类杀菌剂，如氟化钠、氟化钙、氟乙酰胺、氟铝酸钠、氟硅酸钠、氟乙酸钠；

有机锡杀菌剂，如三苯基醋酸锡、三苯基氯化锡；

有机汞杀菌剂，如氯化乙基汞（西力生）、醋酸苯汞（赛力散）；

二苯醚类除草剂，如除草醚、草枯醚；

以及国家规定无公害果品生产禁止使用的其他农药。

（四）无公害果品生产中允许和禁止使用的天然植物生长调节剂及使用要求

允许使用的植物生长调节剂及使用要求：赤霉素类、细胞分裂素类，如苄基腺嘌呤（BA）、玉米素等，要求每年最多使用1次，施药距安全采收期应间隔20天以上；也可使用能够延缓生长、促进成花、改善树体结构、提高果实品质及产量的其他生长调节物质，如乙烯利、矮壮素等。

禁止使用污染环境及危害人

体健康的植物生长调节剂，如比九（B₉）、萘乙酸、2，4-二氯苯氧乙酸（2，4-D）等。

（五）科学合理使用农药

1．**对症施药** 根据田间的病虫害种类和发生情况选择农药，防治病害以保护性杀菌剂为基础。

2．**适时施药** 根据预测预报和病虫害的发生规律，确定使用药剂的最佳时期。

3．**使用农药要喷布均匀周到** 选择合适的药械和使用方法，保证使用的农药准确、均匀、到位。

4．**严格按照农药的使用剂量使用农药** 同一种类的允许使用的药剂、一个生长周期：一般保护性杀菌剂可以使用3~5次；具有内吸性和渗透作用的农药可以使用1~2次，最好只使用1次；杀虫剂可以使用1~2次，最好只使用1次。

5．**严格按农药的安全间隔期使用农药** 允许使用的农药品种禁止在采收前20天内使用；限制使用的农药禁止在采收前30天内使用。如果出现特殊情况，需要在采收前安全间隔期内使用农药，必须在植保专家指导下采取措施，确保食品安全。

6．**严格对于使用农药的安全管理** 每一个生产者必须对果园中使用农药的时间、农药名称、使用剂量等进行严格、准确的记录。

7．**严禁使用未经国家有关部门核准登记的农药化合物。**

8．**其他情况按国家标准《农药合理使用准则》GB/T 8321（所有部分）规定执行。**

二、无害化病虫害综合防治

（一）病虫害防治的基本原则

病虫无公害防治的基本原则是综合利用农业的、生物的、物理的防治措施，创造不利于病虫害发生而有利于各类自然天敌繁衍的生态环境，通过生态技术控制病虫害的发生。优先采用农业防治措施，本着"防重于治"、"农业防治为主、化学防治为辅"的无公害防治原则，选择合适的可抑制病虫害发生的耕作栽培技术，通过平衡施肥、深翻晒土、清洁果园等一系列措施控制病虫害的发生。尽量利用灯光、色彩、性诱剂等诱杀害虫，采用机械和人工以及热消毒、隔离、色素引诱等物理措施防治病虫害。一旦需采用化学方法进行防治病虫害时，注意严禁使用国家明令禁止使用的农药及果树上不得使用的农药，并尽量选择低毒、低残留、植物源、生物源、矿物源农药。

（二）病虫害防治的基本措施

1．**农业防治** 农业防治是根

据农业生态环境与病虫发生的关系,通过改善和改变生态环境,调整品种布局,充分应用品种抗病、抗虫性以及一系列栽培管理技术,有目的地改变果园生态系统中的某些因素,使之不利于病虫害的流行和发生,达到控制病虫危害、减轻灾害程度、获得优质、安全果品的目的。农业防治方法是果园生产管理中的重要部分,不受环境、条件、技术的限制,虽不如化学防治那样直接、迅速地杀死病虫,却可以长期控制病虫害的发生,大幅度减少化学药剂的使用量,有利于果园长期、可持续发展。

(1) 植物检疫:植物检疫是贯彻"预防为主,综合防治"的重要措施之一,即凡是从外地引进或调出的苗木、种子、接穗、果品等,都应进行严格检疫,防止危险性病虫害的扩散。

(2) 清理果园,减少病源:果园中多数病虫在病枝或残留在园中的病叶、病果上越冬、越夏,及时清理果园可以破坏病虫越冬的潜藏场所和条件,有效地减少病害侵染源,降低害虫发生基数,可以很好地预防病害的流行和虫害的发生。秋季或早春清扫枯枝落叶,集中高温堆沤,可消灭其中越冬病菌和害虫。结合修剪,剪除病虫枝条、病芽,摘除病虫果、叶,剪除病虫枝条,可以有效地防治天牛类、刺蛾类、食心虫、介壳虫等害虫。对于病虫株残体和落在地面上的病虫果,应及时清除并高温堆沤或深埋,可以大大减少病虫的传播与危害。此外,及时清除田间杂草,不但减少了杂草种子在果园的残留,亦可大大减少害虫寄生的机会。

(3) 合理整形修剪,改善果园通风、透光条件:果园在密闭条件下病虫害发生严重,过于茂盛的枝叶常成为小型昆虫繁衍的有利场所。合理整形修剪使树体枝组分布均匀,改善了树冠内通风、透光条件,可以有效地控制病虫害的发生。

(4) 科学施肥,合理灌溉:加强肥、水管理对提高树体抵抗病虫害能力有明显效果,而对具有潜伏侵染特点的病害和具有刺吸式口器的害虫的抵抗作用尤其明显。施肥种类及用量与病虫害发生有密切关系,不要过量施用氮肥,避免引起枝叶徒长,树冠内郁闭,而诱发病虫发生。厩肥堆积过多,常成为蝇、蚊、蛴螬等土栖昆虫的栖息繁殖场所,因此提倡配方施肥、平衡施肥、多施充分腐熟的有机肥、增施磷钾肥,以提高植株抗病性,增强土壤通透性,改善土壤微生物群落,提高有益微生物的生存数量,并保证根系发育健壮。此外,减少氮肥,增施磷钾肥,能增强树体对病害侵染的抵抗力。

果园湿度过大易导致真菌类病害疫情的发生，湿度越大病害越重。果树生长中、后期灌水过多，易使果树贪青徒长，枝条发育不充实，冬季抵抗冻害的能力差。因此，果园浇水应尽量避免大水漫灌，以免造成园内湿度过大，诱发病害发生，宜尽量采用滴灌等节水措施。利用滴灌技术、覆盖地膜技术可以有效地控制园内空气湿度，防止病害的发生。遇大雨后，应及时排水，避免影响果树生长和降低抵抗病虫害能力。

（5）刮树皮，刮涂伤口，树干涂白：危害果树的多种害虫的卵、蛹、幼虫、成虫以及多种病菌孢子隐居在树体的粗翘皮裂缝里休眠越冬，而病虫越冬基数与来年危害程度密切相关，应刮除枝、干上的粗皮、翘皮和病疤，铲除腐烂病、干腐病等枝干病害的菌源，这样做同时还可以促进老树更新生长。刮皮一般以入冬时节或第二年2月间进行，不宜过早或过晚，以防止树体遭受冻害以及失去除虫治病的作用。幼龄树要轻刮，老龄树可重刮。操作动作要轻，防止刮伤嫩皮及木质部，影响树势，一般以彻底刮去粗皮、翘皮而不伤及白颜色的活皮为限。刮皮后，皮层集中烧毁或深埋，然后用石灰水涂白剂在主干和大枝伤口处进行涂白，既可以杀死潜藏在树皮下的病虫，还可以保护树体不受冻害。石灰涂白剂的配制材料和比例：生石灰10千克，食盐150～200克，面粉400～500克，加清水40～50千克，充分溶化搅拌后刷在树干伤口处，以不流淌、不结块为度。由虫伤或机械伤引起的伤口是最容易感染病菌和害虫喜欢栖息的地方，应将腐皮朽木刮除，用刀削平伤口后，涂上5波美度石硫合剂或波尔多液消毒，促进伤口早日愈合。

（6）刨树盘：刨树盘是果树管理的一项常用措施。该措施既可起到疏松土壤、促使果树根系生长的作用，又可将地表的枯枝落叶翻于地下，把土中越冬的害虫翻于地表。

（7）树干绑缚草绳，诱杀多种害虫：不少害虫喜在主干翘皮、草丛、落叶中越冬，利用这一习性，于果实采收后在主干分枝以下绑缚3～5圈松散的草绳，诱集消灭害虫。草绳可用稻草或谷草、棉秆皮拧成，绑缚要松散，以利于害虫潜入。

（8）人工捕虫：许多害虫有群集和假死的习性，如多种金龟子有假死性和群集危害的特点，可以利用害虫的这些习性进行人工捕捉。再如黑蝉若虫可食，在若虫出土季节，可以发动群众捕而食之。

（9）园内种植诱集作物，诱

集害虫集中危害而消灭；利用桃蛀螟、桃小食心虫对玉米、高粱趋性更强的特性，在园内种植玉米、高粱等，诱其集中危害而消灭。

（10）园内放养鸡、鸭等家禽：啄食害虫，减轻危害。

2. 物理机械防治 是根据害虫的习性而采取机械方法防治害虫的技术。

（1）黑光灯诱杀：常用20 W或40 W黑光灯管做光源，在灯管下接一个水盆或一个广口瓶，瓶中放些毒药，以杀死掉进的害虫。此法可诱杀晚间出来活动的害虫，如桃蛀螟、黄刺蛾、茎窗蛾成虫等。

（2）糖醋液诱杀：许多成虫对糖醋液有趋性，因此可利用该习性进行诱杀。方法是：在成虫发生的季节，将糖醋液盛在水碗或水罐内制成诱捕器，将其挂在树上，每天或隔天清除死虫。糖醋液的制备方法：酒、水、糖、醋按1∶2∶3∶4的比例放入盆中，盆中放几滴毒药，并不断补足糖醋液。

（3）性外激素诱杀：昆虫性外激素是由雌成虫分泌的用以招引雄成虫来交配的一类化学物质，通过人工模拟其化学结构合成的昆虫性外激素已经进入商品化生产阶段。性外激素已明确的果树害虫种类大约有30多种。

1）利用性外激素诱捕器诱杀：目前国内外应用的性外激素捕获器类型有5大类20多种，如黏着型、捕获型、杀虫剂型、电击型和水盘型。我国在果树害虫防治上已经应用的有桃蛀螟、桃小食心虫、桃潜蛾、梨小食心虫、苹果小卷叶蛾、苹果褐卷叶蛾、梨大食心虫、金纹细蛾等昆虫的性外激素。捕获器的选择及捕获器放置的地点、高度和用量要根据害虫种类、虫体大小、气象因素等确定。在果园放置一定数量的性外激素诱捕器能够诱捕到雄成虫，导致雌、雄成虫的比例失调，减少了自然界雌、雄虫交配的机会，从而达到治虫的目的。

2）干扰交配（成虫迷向）：在果园内悬挂一定数量的害虫性外激素诱捕器诱芯作为性外激素散发器，这种散发器不断将昆虫的性外激素释放到田间，使雄成虫寻找雌成虫的联络信息发生混乱，从而失去交配的机会。在果园的试验结果表明，在每667平方米内栽植110棵果树的情况下，每棵树上挂3～5个桃小食心虫性外激素诱芯能起到干扰成虫交配的作用。此法打破害虫的生殖规律，使大量的雌成虫不能产下受精卵，从而极大地降低幼虫数量。

（4）水喷法防治：在果树休眠期（11月中、下旬）用压力喷水泵喷枝干，喷到流水程度，可以消灭在枝干上越冬的介壳虫。

(5) 果实套袋：果实套袋栽培是近几年我国推广的优质果品技术。果实套袋后，既能增加果实着色，提高果面光洁度，减少裂果，又能防止病菌和害虫直接侵染果实，减少农药在果品中的残留。

3. 生物防治 运用有益生物防治果树病虫害的方法称为生物防治法。生物防治是进行无公害果品生产、有效防治病虫害的重要措施。在果园自然环境中有数百种有益天敌昆虫资源和能促使果树害虫致病的病毒、真菌、细菌等微生物，保护和利用这些有益生物是果品病虫无公害防治的重要手段。生物防治的特点是不污染环境，对人、畜安全无害，无农药残留，符合果品无公害生产的目标，应用前景广阔。但该技术难度较大，研究和开发水平较低，目前应用于防治实践的有效方法还较少。各果园可以因地制宜，选择适合自己的生物防治方法，并与其他防治方法相结合，采取综合治理的原则防治病虫害。

(1) 利用寄生性天敌昆虫防治虫害：寄生性昆虫活动特点是以雌成虫产卵于寄主（害虫）体内或体外，以幼虫取食寄主的体液摄取营养，从而导致寄主死亡，而成虫则以花粉、花蜜等为食或不取食；除了成虫以外，其他虫态均不能离开寄主而独立生活。果园害虫天敌主要有：寄生卷叶虫的中国齿腿姬蜂、卷叶蛾瘤姬蜂、卷叶蛾绒茧蜂；寄生梨小食心虫的梨小蛾姬蜂、梨小食心虫聚瘤姬蜂；寄生潜叶蛾、刺蛾的刺蛾紫姬蜂、刺蛾白跗姬蜂、潜叶蛾姬小蜂等寄生蜂类；寄生鳞翅目害虫幼虫和蛹的寄生蝇类，如寄生梨小食心虫的稻苞虫赛寄蝇、日本追寄蝇，寄生天幕毛虫的天幕毛虫追寄蝇、普通怯寄蝇等。

(2) 利用捕食性天敌昆虫防治害虫：捕食性天敌昆虫靠直接取食猎物或刺吸猎物体液来杀死害虫，致死速度比寄生性天敌快得多。例如：捕食叶螨类的深点食螨瓢虫、腹管食螨瓢虫、大草蛉、中华通草蛉、食蚜瘿蚊等；捕食蚜虫的七星瓢虫；捕食介壳虫的黑缘红瓢虫、红点唇瓢虫等。此外，还有螳螂、食蚜蝇、食虫蝽象、胡蜂、蜘蛛等多种捕食性天敌，抑制害虫的作用非常明显。

(3) 利用食虫鸟类防治虫害：鸟类在农林生物多样性中占有重要地位，它与害虫形成相互制约的密切关系，是害虫天敌的重要类群。我国以昆虫为主要食料的鸟类约有600多种，如大山雀、大杜鹃、大斑啄木鸟、灰喜鹊、家燕、黄鹂等，主要或全部以昆虫为食物，对控制害虫种群作用很大。

(4) 利用病原微生物防治病虫害

1) 利用病原微生物防治害虫: 在自然界中, 有一些病原微生物(如细菌、真菌、病毒、线虫等) 在条件合适时能引发害虫流行病, 致使害虫大量死亡。利用病原微生物防治虫害主要有细菌、真菌、病毒3大类制剂。

2) 利用病原微生物防治病害: 主要是利用某些真菌、细菌和放线菌对病原菌的杀灭作用防治病害, 方法是直接把人工培养的抗病菌施入土壤或喷洒在植物表面, 控制病菌发育。目前国外已制成对部分病原微生物有抑制作用的微生物产品, 如美国生产的防治根癌病的放射性土壤杆菌菌系 K_{84}, 应用效果显著。此外, 国内也已分离出一些菌株。在土壤中多施用有机肥, 促进多种天然存在的抗生菌大量繁殖, 可有效防治果树根系病害, 也是利用病原微生物防治病害的可行措施。

目前国内应用病原微生物防治病虫害的制剂主要有苏云金杆菌、白僵菌制剂、病原线虫。

(5) 利用昆虫激素防治害虫: 对危害相对简单的关键害虫以及世代较长、单食性、迁移性小、有抗药性、蛀茎蛀果害虫更为有效。昆虫激素主要有保幼激素、蜕皮激素、性信息激素3大类, 其杀虫机理是使害虫生长发育异常而死亡。利用性外激素不仅可以诱杀成虫、干扰交配, 还可根据诱虫时间和诱虫量指导害虫防治, 提高防效。

4. 化学防治 使用化学药剂防治病虫害具有作用迅速、见效快、方法简便的特点, 在现阶段果品生产中仍具有不可替代的作用。然而, 化学药剂的长期使用存在着引起害虫抗性、污染环境、减少物种多样性、在果品中残留有危害人体健康的有毒物质等多方面副作用。尤其随着人民生活水平的提高, 消费者越来越注重食品安全问题, 因此如何科学、合理、正确的使用化学药剂生产无公害果品已日益受到重视。

无公害果品生产并非完全禁止使用化学药剂, 使用时应当: 遵守有关无公害果品生产操作规程和农药使用标准, 合理选择农药种类, 正确掌握用药量; 加强病虫测报工作, 经常调查病虫发生情况, 选择有利时机适时用药; 选择对人、畜安全、不伤害天敌、不污染环境同时又可以有效杀死有害病虫的农药品种; 严禁使用一切汞制剂农药以及其他高毒、高残留、致畸、致癌、致残农药, 严禁使用未取得国家农药管理部门登记和没有生产许可证的农药。

图书在版编目（CIP）数据

柿病虫害诊治原色图谱/冯玉增等主编．－北京：科学技术文献出版社，2010.1
ISBN 978-7-5023-6558-5

Ⅰ．①柿… Ⅱ．①冯… Ⅲ．①柿-病虫害防治方法-图谱 Ⅳ．①S436.65-64

中国版本图书馆 CIP 数据核字（2009）第232720号

出 版 者	科学技术文献出版社
地 址	北京市复兴路15号（中央电视台西侧）/100038
图书编务部电话	（010）58882938，58882087（传真）
图书发行部电话	（010）58882866（传真）
邮购部电话	（010）58882873
网 址	http://www.stdph.com
E-mail:stdph@istic.ac.cn	
策 划 编 辑	丁坤善
责 任 编 辑	洪 雪
责 任 校 对	赵文珍
责 任 出 版	王杰馨
发 行 者	科学技术文献出版社发行　全国各地新华书店经销
印 刷 者	北京时尚印佳彩色印刷有限公司
版（印）次	2010年1月第1版1次印刷
开 本	889×1194　32开
字 数	118千
印 张	4
印 数	1～6000册
定 价	19.00元

ⓒ 版权所有　　违法必究

购买本社图书，凡字迹不清、缺页、倒页、脱页者，本社发行部负责调换。

参考文献

1. 冯玉增等.石榴病虫害鉴别与无公害防治.北京：科学技术文献出版社，2009
2. 吕佩珂等.中国果树病虫原色图谱.第2版.北京：华夏出版社，2002
3. 蒋芝云等.柿和枣病虫原色图谱.杭州：浙江科学技术出版社，2006
4. 夏声广等.柿树病虫害防治原色生态图谱.北京：中国农业出版社，2008
5. 邱　强.中国果树病虫原色图鉴.郑州：河南科技出版社，2004
6. 北京农业大学主编.果树昆虫学（下册）.北京：农业出版社，1981
7. 冯明祥主编.无公害果园农药使用指南.北京：金盾出版社，2004
8. 中国农科院主编.中国果树病虫志.北京：农业出版社，1959
9. 中国林科院主编.中国森林昆虫.北京：中国林业出版社，1980